中国园林立意·创作·表现

吴肇钊 著

中国建筑工业出版社

图书在版编目(CIP)数据

中国园林立意·创作·表现／吴肇钊著. —北京：中国建筑工业出版社，2004
ISBN 7-112-07031-7

Ⅰ.中... Ⅱ.吴... Ⅲ.园林设计 Ⅳ.TU986.2

中国版本图书馆 CIP 数据核字（2004）第 124846 号

责任编辑：郑淮兵
责任设计：刘向阳
责任校对：张慧丽

中国园林立意·创作·表现
吴肇钊　著
*
中国建筑工业出版社出版、发行(北京西郊百万庄)
新 华 书 店 经 销
北京嘉泰利德公司制版
利丰雅高印刷(深圳)有限公司印刷
*
开本：787×1092毫米 1/12　印张：26　字数：483千字
2004年12月第一版　2005年8月第二次印刷
印数：1,501—2,500册　定价：**229.00**元
ISBN 7-112-07031-7
TU·6266(12985)

版权所有　翻印必究
如有印装质量问题，可寄本社退换
(邮政编码100037)
本社网址：http://www.china-abp.com.cn
网上书店：http://www.china-building.com.cn

園林意匠宗詩畫
妙手開宗擅古今

恭賀

慶新兄八十壽辰並致祝著之喜

弟有邦敬賀

園林設計一門生尊師重道覓真徑播撒園景皆載譽光以詩畫扣人心

賀吳肇釗君花甲之新作付梓

孟兆楨題

甲申隆冬

积少成多识　实践出真知
——贺吴肇钊君花甲新作付梓

　　人生在世都会有不觉老之将至之感。古训"幼不学，老何为"句。学是手段，为是目的。步入花甲之年的吴肇钊君积数十年之厚学，汇滴水成流，一舒园林学者的胸臆和焕发风景园林设计师之风采，实在可喜可贺。当年汪菊渊先生和吴良镛先生建议创建的造园专业，而今有门生光耀门庭也。值得我们借鉴的不仅在于这本书，也在于从他在学道受业的经验方面受益，数十年能成此业并不是很简单的，其中必有艰辛。学任何学科都要经历学会、学成、而进入臻华的阶段，不可能一蹴而就，只能靠积累。点点滴滴的积累，长期坚持不懈的积累，终身的积累。本视为分散、孤立的事物，通过积累而逐渐相互联系，甚至可以点燃设计创作星星之火。只要有火花就好创作了，就是难在最初的火花，而这创作之火花必然是厚积薄发的结果。

　　肇钊尊师重道。我们也都要尊重前辈的老先生，他们都是传道授业者。首先跟他们学习如何寻觅学术的方向。汪菊渊先生经常教我们要发掘中国园林的历史文化遗产。他明确提出中国园林有独特、优秀的民族传统。身体力行地带着我们对传统园林进行踏查和研究。我们都是冲着继承中国传统、发扬传统、有所创新地发展传统的学术方向努力学习和实践并以终身相许的。一个学科，唯靠世代学者交替才能持续发展。汪先生主编的中国园林史教材以丰富的内容，生动、具体地让我辈了解中国园林来自中国文学和绘画。肇钊每有机会见汪老，总是问惑提疑，而汪先生总是解惑答疑。汪先生从杭州聘来的孙筱祥先生也是肇钊尊敬和引以为荣的老师。孙先生诗文、绘画有幼功的根底，曾蒙徐悲鸿先生指导而更长进，在园艺方面又有系统基础理论学习和爬山采标本的实践，后来又从刘敦桢先生学习建筑设计知识，尤以自然山水园设计见长，早年设计的杭州花港观鱼公园又将牡丹园和开旷的大草坪融汇一体，肇钊在设计与绘画方面多得益于孙先生的教导。肇钊还很有心地抓紧机会向城规、建筑、园林、书法各方面的老先生学习，博采众长。这积少成多的学术积累起到关键的作用。找到努力的方向，心明眼亮了，就坚定不移地朝这方向下狠功夫学和练。

　　园林立意、创作和表现是肇钊数十年实践总结出来的园林设计创作序列的三个主要节点。我们向业主最后提交的是文字和图纸亦即表现。虽凝诗入画但并非一般文学的诗文和绘画的图纸，它是反映三维空间的园林设计。这种传统思路的园林设计不同于西方园林设计之处在于"意在于先"，是从树立的意境飞跃成景象的。西方也有构思，但立意与构思还不等同。王国维说："文学之事其内足以抒己，外足以感人者，意与境二字也"。纵观肇钊创作，无论是国外的清音园或国内各园都是先立意而后有条不紊地设计。设计一个有灵魂的自然山水环境。结合具体地宜，以"巧于因借，精在体宜"奏效。

肇钊涉足影园是早在六十年代之事，祖师爷计成之作何敢妄为。通过苦苦搜索历史资料和深入勘查现场，终于根据多方面的印证作出了总体和单体设计乃至模型的可行方案。这种孜孜以求、脚踏实地的精神是值得学习的。

　　人为之事只可能做到尽可能的完美，不可能绝对完美。如果说也有不尽人意之处那也是很自然的。我以为他在山水植石方面是比较完美的，尤其是对片石山房和卷石洞天的复建充分反映了他在假山设计方面的专长。

　　肇钊之于绘画可以说倾注了很大心力。到中央美术学院进修，学山水画，醉心摄影艺术和小试雕塑作品，把根子都扎在园林上。我多次表扬他画得好，他却在八十年代写信要求我画石寄他，湖石黄石各具横摆竖置。我虽难以理解但还是尽力做了。因此深感他重视吸取他人哪怕一点点所积。他之所以成功归于实践，又从实践中总结所识，这是很可贵的。为表示诚挚的祝贺，不顾浅陋，酌句以赠：

园林设计一门生
尊师重道觅真经
播撒园景皆载誉
尤以诗画扣人心

（中国工程院院士）

于北京林业大学

2004 年 12 月 1 日

序 一

我对风景园林学科的理解不深，知识有限。由于工作关系，知道一些这方面的情况，认识许多从事风景园林事业的朋友，他们不论是学识渊博的前辈专家学者，还是年富力强的中青年骨干，大多是满怀激情地从事着自己喜爱的事业，为创造良好的人居环境，为保存珍贵的自然和文化遗产，为营造具有民族特色和个性的园林景观付出辛勤劳动，贡献着自己的聪明才智。尤其令人感动者，面对当前经济社会快速发展变化，风景园林事业突飞猛进的情势，风景园林界不少有识之士，正在关心着、思考着我们的事业和学科如何才能持续的、健康的发展。

吴肇钊同志耕耘园林事业数十年，不断地学习、实践、提高，既作规划、设计、创作，又搞施工、经营；既作工程项目，又搞历史理论研究；既在国内造园，也到国外造园。现当六十人生之际，编辑出版自己的工作和研究成果，难能可贵，值得庆贺。从这本书我们可以看到一个有作为的园林专家的成功之路。

人言道，善于总结自身的经验是聪明的，善于总结并吸取他人的经验是智慧的，真诚期盼我们的风景园林工作者在实际工作和学术研究方面有更多、更好的成果。

（中国风景园林学会常务副理事长）

2004 年 11 月

序　二

　　历经艰辛成大业，风雨过后见彩虹。

　　吴肇钊先生大学毕业后一直在扬州园林部门工作。自调入中外园林建设总公司任总工程师并中国对外建设深圳园林公司任总经理工作十多年来，他的作为和事业更是如日中天，足迹走过国内和世界诸多国家，而他内心时刻都忘不了是扬州这座名城为他提供锤炼、成长和施展才华的实践舞台，是扬州厚重的文化积淀给予他丰富的创作源泉和艺术升华，是扬州众多的友人给了他真情的关心爱护与热忱相助。

　　恰逢吴肇钊先生六十寿辰之际，其第三部力作《中国园林立意·创作·表现》即将付印前，肇钊先生怀着对古城扬州以及对挚友深厚的情谊，刻意安排偕同夫人初玉霞女士回到扬州，邀约昔日好友相聚于美丽的瘦西湖畔。在其亲手设计的《吟月茶楼》内置酒筵，席间畅叙情怀。大家频频举杯为其祝寿，也为新作《中国园林立意·创作·表现》即将出版面世庆贺。肇钊先生谈吐潇洒，一再表露出对扬州和对扬州友人的诚挚之情，并诚意嘱我为新著作序。

　　《中国园林立意·创作·表现》这部园林专著，是吴肇钊先生多年实践的总结。肇钊先生的业绩是从扬州开始和发展的。扬州园林早在隋唐就盛名天下，有"园林多是宅，车马少于船"之誉。历经沧桑，扬州园林多遭破坏。自十年动乱后，扬州园林迎来发展的大好机遇，在市委、市政府关心和重视下，吴肇钊先生先后主持修复了白塔晴云、片石山房、卷石洞天、二十四桥等处景区景点，荣获过国际金奖等多项奖励。吴肇钊先生尊重历史，继承传统，面向未来，勇于创新，不但再现了扬州园林昔日的辉煌，又赋予它新的生命，在《中国园林立意·创作·表现》新著中，其不少篇章可为佐证，并将成为修复中国传统园林的经典之作。更令人赞赏的是新著中一幅幅精美的绘图仿佛出自书画名家之手，耐人寻味。肇钊先生的绘画功底除得力于中央美院的专业学习外，与在扬州的多年磨砺也不无关系。他刚来扬州时，别人忙于"斗私批修"，他却潜心于美术创作。他所绘制的巨幅毛主席油画像，以及和中央美院张世椿教授等人合作完成的"收租院"泥塑群雕，令很多扬州人至今记忆犹新。

　　吴肇钊先生的著作虽是园林创作专著，其语言的运用和对中国传统文化的研究，都达到了相当水准。吴肇钊先生视自己的文学修养得益于扬州历史文化的熏陶。他多次说扬州数千年文化的积淀是其他任何城市难以比拟的。肇钊先生对扬州历史和扬州文化进行了深入的研究，特别是对明清代享誉文坛的石涛大师和扬州八怪的研究，使他深知扬州古典园林文化的精髓所在。他主持修复的古典园林不仅形似，注重诗情，讲究画意，更特别追求神韵，这正是他的过人之处。

　　吴肇钊先生在扬州工作期间和许多朋友建立了深厚的友谊，他们中既有领导，也有同事或下属。他夜以继日的工作精神与效率，敏捷的才思与聪慧，为扬州园林作出了重要贡献，肇钊先生总是不忘扬州友人对他的关心支持。随着时间的推移，友谊越发显得珍贵。今天，只要扬州需要，肇钊先生会立即欣然前来。正如当代书圣林散之老先生在扬州所吟诗句："春鲤正肥花未落，不辞杯盏尽开怀"，在吴肇钊先生六十岁生日之际，又逢《中国园林立意·创作·表现》出版，大家相聚同贺同庆，品尝杯中美酒，更品尝比酒更浓更香的友谊，大家共祝肇钊先生今后事业取得更大成就，艺术青春永驻！

遵照吴肇钊先生意见，将聚会友人记录如下：除吴肇钊夫妇和笔者外，他们是原扬州市建委领导赵明先生、金大青先生，扬州市园林管理局原领导陈景贵先生、杨文祥先生，扬州市园林管理局现任副局长张家仁先生，还有刘本先生、刘马根先生、杨本明先生、韩涛先生、金川先生、徐有庚先生。

是为序。

孙 传 余
（扬州市园林管理局局长、党委书记）
2004 年 11 月 18 日

自 序

园林学科包涵知识甚广，涉及规划、建筑、园林、园艺、美术、文学等学科，著者在园林行业已三十余载，仍在填补相关知识的不足，美术更是提高设计水平的重要手段。回想大学期间，恰逢"文革"，鉴于多方原因只能充当"逍遥派"，为不遭批斗，经老师介绍鼓足勇气去中央美术学院学绘毛主席油画像，尽管专业基础课亦学过二年素描、水彩，与美院相比乃天壤之别；只好日以继夜奋战，油画颜料可谓成篓成筐用完。"功夫不负有心人"，经过二年的努力，油画作品已"挤入"1966年的全国美展，学校礼堂及饭厅外墙巨幅毛主席画像均出自著者之手。可谓利用二年派性斗争时间多学了一个专业，著者之所以在园林行业略有建树，结合专业的绘画功底可谓助一臂之力。

著者学术上业绩，得力于几代园林宗师的培育，早在20世纪70年代，园林界泰斗汪菊渊先生将著者选入其主编《中国园林史》七人编委之一，为期五年编撰江南园林章节，给学子奠定了扎实的理论功底。80年代江苏省建委调著者赴南京编写《江苏园林名胜》，童寯、陈从周老先生均为顾问，在为期一年的时间里，童老学术的精辟与惊人的记忆令人难以忘怀，其创作图稿的简练与色彩至今仍为著者崇拜。得其引鉴求教杨廷宝泰斗，杨老十分耐心讲图并题笔示范，其准确工整的画风一直是学子的样板。陈从周老先生文采卓绝为世人公认，其对园林的鉴赏评论亦是难以比拟的，著者主笔石涛"片石山房"修复设计得其指导，受益匪浅，原拟山房长廊内碑刻选用石涛画作，陈老教导"片石山房"已是石涛画本再现，碑刻则应为诗书作品。可谓绝妙至极！并亲自撰写碑记与园名。全国惟一"园林大师"朱有玠先生对著者的园林设计起到了定位作用，其首次看到学生建成的园子，就赞誉颇有画意，以后每见到学生均告诫"画本再现的风范"是造园成功的准则，至使著者至今仍坚持设计先绘出画本后，再进行施工图设计以确保画本再现。恩师孙筱祥先生、孟兆祯先生不仅学术渊博，而且多才多艺，让学生吸收了各具特色的丰富营养，其厚爱加速了学生的成才。

正当著者年富力强之际，甘伟林理事长、王泽民总经理将著者调入中外园林建设总公司任总工，得以参与海外工程的营造设计与主持施工，德国、美国、法国、加拿大、日本、马耳他等以及中国香港均留下园林作品或设计，在完成中国园林在海外任务的同时，汲取了五大洲大量设计精华，为"洋为中用、中西合璧"奠定了扎实的功底。

此书的编辑出版，是向园林宗师、老总致谢，亦为之汇报；同时也是著者六十年人生的小结。

此书的出版，感谢初玉霞女士鼎力相助。

2004年11月8日

目 录

贺　词（朱有玠）
题　词（孟兆祯）
积少成多识　实践出真知（孟兆祯）
序　一（甘伟林）
序　二（孙传余）
自　序

海外营造 ······ 1

清音园——荣获德国 1993 年国际园林展大金奖 ······ 3
璧合中西　山水乐章——凝固的华夏园林音籁扎根华盛顿 ······ 11
略成小筑　足征大观——香港北区公园改建设计探索 ······ 19

园林研究 ······ 25

造园精艺——江苏古典园林总论之一、之二 ······ 27
借长洲镂奇园——影园复建设计识语 ······ 39
绚烂之极　归于平淡——当代第宅园林精品"在园"初探 ······ 50

立意创作 ······ 57

中西极品合璧　永不落幕盛会——第五届中国(深圳)国际园博会经典设计方案 ······ 59
南海观音耸碧空　普陀宝像独称雄——普陀山"南海观音"圣景创作 ······ 68
北京世界公园中国园　清音境设计 ······ 78
中国饮食文化城策划与规划 ······ 88
中国饮食文化城三百六十行街构思与设计 ······ 108
华山旅游产业园区项目策划规划 ······ 121
关公故里旅游区关帝圣像景区规划与武圣大道设计方案 ······ 141

瘦西湖玲珑花界扩建工程规划设计 ·· 175

海南陵水南湾自然保护区猴岛旅游景区规划 ·· 183

三亚市山海天大酒店——福如东海旅游景区概念规划 ·· 195

红树林海滨生态公园总体规划 ·· 200

现代骨 民族魂 自然衣——惠州西湖南门景区设计小议 ·· 211

星湖风景名胜区——七星岩景区生态休闲区规划设计 ·· 218

丝路花雨洒雷州——湛江南国热带花园创作特色 ·· 231

景观展示 ·· 251

精典居住小区景观设计 ·· 253

香港中旅·国际公馆景观设计 ·· 254

深圳齐明别墅景观 ·· 264

大亚湾美国熊猫集团·碧富新城景观 ·· 265

广州环市西苑景观 ·· 267

惠州丽日百合家园景观 ·· 269

书香门第 环境设计 ·· 271

珠江新城碧海湾景观设计 ·· 273

长沙市锦湘·国际星城景观 ·· 275

旭景名园鸟瞰图 ·· 278

表现图例 ·· 281

后　记 ·· 299

海外营造

清 音 园
——荣获德国1993年国际园林展大金奖

园林界每十年在德国举行一次的国际园林博览会，相当于体育界的奥林匹克运动会。其方法是由参展国向当届园林博览会组委会提出申请，经批准取得参展资格，后可派专家前往园林博览会展出现场考察，并作出参展设计方案，经园林博览会全权总代表签字批准后，继而完成施工图设计，交博览会四个部门分别审核批准后，再办理施工人员进场施工手续，施工期一年，博览会展期一年。在展览期间进行三次评选，评出金奖。得金奖的国家可在博览会期间举行一周的升旗仪式及文化艺术、商业活动。

笔者与邹宫伍先生有幸于1991年代表国家前往德国斯图加特市（1993年国际园林博览会展地）考察现场，并结合实地完成经博览会全权总代表批准的中国参展园的方案。在为期五天的做方案时间，笔者争取到四天参观考察，由于当时乃首次赴德，受益匪浅。参展园清音园方案是连续24小时完成，共计六张图（总平面图一张、景点效果图五张），1993年国际园林博览会全权总代表潘德克先生对图凝思约10分钟，尚未等笔者介绍方案就签字批准，并说这是时至今日所审核方案中他最满意的，也是画得最好的。

1992年清音园现场施工亦笔者与商自福先生总其事，值得庆幸的是：清音园荣获1993年国际园林博览会大金奖，又获德国政府授予荣誉奖章，并拆建保留于斯图加特市生态景观带的山顶上，成为该市园林景观的闪光点之一。

一、立意

江南园林是中国园林之精华，其造诣是运用中国绘画理论于造园艺术，把自然山水风景浓缩于较小的空间内，与建筑景观融为一体，故在有限的园林空间中塑造出宽博旷达、层次丰富的园林景观，令人眼前展现出一帧帧山水画页。参展的中国园是作为江南园林的代表作品来设计的。

参展的中国园取名清音园，是出自西晋诗人左思："非必丝与竹，山水有清音"诗意，意指山水之形神声韵既是画幅，又构成乐章，让观光者触景生情而寄感情于山水，达到情景交融的境界，这就是中国园林所特有的意境。

二、布局

遵照以潘德克先生为团长的德国园林专家考察团在中国境内考察时的意见，中国参展园（清音园）应为典型的江南文人园林布局，要再现扬州"卷石洞天"山水对比强烈、建筑独具一格的特色，同时综合江南园林建筑近水布置的长处。

综合德方意见，中国园布局为：园内叠山理水呈现高山流水的景观，此乃全园的主题。园名清音即来自山水景观，中国有知音为友谊长存之典故，含中德友谊和江苏省与巴登-符腾堡州友好省州之意。全园以水池为构图中心，四周因地制宜布置厅榭、山亭、假山、石桥等，既疏密相间又错落有致。粉墙、朱栏、灰瓦的色彩搭配，充分体现了中国园林古色古香的特色。

三、设计

全园面东而筑，面西的主入口采取江南特有的石库门形式，翘角欲飞。其上色彩简洁，又以半亭贴壁作为门厅，砖细门额，点出园名。

进门后，石峰屏立，此系中国造园的"障景"手法，即"欲扬先抑"画理的体现。绕石峰而过，空间豁然开朗，湖光潋滟、碧波澹荡，隔湖为黄石山，突兀深邃，高入云表。眼前呈现"水曲山如画，溪虚云傍花"的画境。

右行入"思谊厅"，可品赏山水之美与中国古典建筑之巧。厅正中为松、竹、梅题材的飞罩雕刻，前面陈设明式家具。厅两侧悬挂中国字画，此乃典型的中国式陈设，作为品茶与琴、棋、书、画的场所。厅西面有小院，岩石嶙峋，附藤飞舞，从厅内隔窗观赏，构成以粉墙为纸，树石为绘的立体中国书卷。出厅至石矶，黄石假山高峙于园东北隅，整座假山丘壑分明，层次丰富，其造型似宋代大文学家苏东坡诗句所描绘的："横看成岭侧成峰，远近高低各不同"。在岩峦耸翠的最高处，一线碧流从石隙呈跌泉形瀑布落下，注入深潭，经涧溪展开为湖面，正如思谊厅的联句"万松时洒翠，一涧自流云"。山岭有亭屹然，为全园的制高点。

从思谊厅南行，园东有花街铺地、山石泉池；奇花异卉、野趣盎然。沿湖东行则进入大型假山，山之两端均设登山石阶。整个山体遵循画论"山欲动而势长"的布局原理设计，其章法以洞壑幽深取胜；仿自然景观，因势利导，诸如岩壑、水岫、洞府、裂隙应形而生。整座假山设计为山水相互依存，相得益彰。

山亭倚山而筑，以不同高低的柱子来就山体，使之有"天坠地出"之感。山亭取名"四面八方亭"，为观景的最高潮，有园内园外四面风光收眼底，八方宾客来相会之意。

全园按江南园林的特色布置植物景观，假山以常绿树种为主，杂以落叶乔灌木，以增加季相变化。小品以常绿名贵树种为主，小巧玲珑，处处入画。厅榭及其他建筑物周围点缀的名贵树种，要讲究树姿，有单株欣赏的价值。假山上及沿湖石驳岸旁，以种植低矮品种及悬挂的藤本花木，富有生机勃勃，然又苍古潇洒。水池中置荷花几丛，池边少许芦苇，以增情趣。所有植物材料均选用当地树种，其规格景观效果要求当年成景。

清音园总平面图

荣获：德国1993年国际园林博览会大金奖

荣获：1993年德国政府授予荣誉奖章

清音园——荣获德国1993年国际园林展大金奖

原方案鸟瞰图

清音园——荣获德国1993年国际园林展大金奖

入口门亭景观

四面八方亭剖面

四面八方亭屋架俯视

思谊厅全景

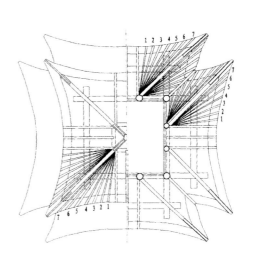

参展现场实景

德国著名园艺专家玛丽安娜·鲍榭蒂女士在工地与中国专家研讨

清音园——荣获德国1993年国际园林展大金奖

拆迁后实景

璧合中西　山水乐章
——凝固的华夏园林音籁扎根华盛顿

一、综述

美国首都华盛顿"国际技术中心"位于华盛顿特区第七大街910号，系由建筑围合呈"S"形综合性会展中心，其围合的两块空间拟建成高水准绿地景观。华盛顿十大设计公司之一APEA设计公司以带东方情调的园林方案中选，建筑总承包商将深化设计与施工委托中建·美国公司，实力雄厚的中建·江苏建达公司全面接受此项任务，并委派笔者为总工程师全面负责此项工程技术。

二、创作依据

建设方对景观要求态度十分明确，希望融入东方文化艺术，在美国首都独树一帜，但又要求符合美国人的行为习惯以及使用功能、审美等。按他们的话：你给我建造景观，首先要让我满意，而且我要让来参观的各国人士都满意，因为我是为他们服务的，也就是说你们建造的园林景观应让美国人：理解→兴趣→认同→支持→宣扬就可以了。

作为建造方考虑，能在美国首都中心区域营造中国园林是个难得的机会，要充分利用好这个舞台，树立中国园林优秀的品牌，为今后进一步开展园林业务，占领更多的国际市场打下基础。

知己知彼，才能百战百胜。为此，首先要对美国风景园林的设计手法进行剖析，然后遵循美国风景园林设计理念用中国的技艺来进行创作。

综观美国200年的园林创作，风景园林创作大致可分为三个阶段：

(1) 以美国开国之勋托玛斯·杰弗逊（杰出的建筑师和景观设计师，代表作为弗吉尼亚大学校园）创导景观趋于"开放、自然，体现追求自然、平等"的愿望，即试图营造一个更加完美、合理的人文环境。

(2) "美国现代园林之父"奥姆斯特德提出风景园林设计不仅仅是艺术的设计，而且是对社会功能需求的满足和实现，即"为人类提供生存空间的神圣行为"。

(3) 伊安·麦克哈格，风景园林作为环境，首先应该考虑生态效应，成为科学合理的自然设计。

三、立意与表现

通过对美国园林理论与实践的探讨，领悟清楚建设方的要求，笔者对该中心创作立意：璧合中美的手法创作山水园林。两园分别命名为：翠园（水院）、峰园（山苑）。

1. 翠园

采用中国江南典型水院的章法布局，只是水面改为不同颜色鹅卵石，即：旱景水意。其组成元素：

旱景：岩峦、石拱、水口、水岬、石矶、汀步、岩隙、山石几案、石床。

水意：寓意流动水为黑卵石，静水面为浅色卵石，湿地为石与苇结合，水面曲折处点缀航标（石灯笼）。

岛屿：为山石花台，艺术再现自然界岛屿生态特征，并以高低错落乔木、灌木、花卉、地被、水草定位其特色。

构筑物：以亭子木构架作为主体观景台，柱挂宋代文学家苏东坡对联"万松时洒翠，一涧自流云"，点出"翠"园之名，旱水口石刻"探碧"二字，强调此乃"石隙漫流"之泉口。

2. 峰园

采用中国造园"延山"手法，园林一隅山石花台呈坡麓景观，寓意为附近山体的延伸，造景宗旨为岩石花境，塑造地被植物于岩隙扎根的生态景观，点缀高矮不等石峰三块，美国人誉为抽象雕塑，而在中国则为"叠石停云"之寓意，最高一峰下小上大的造型有飘飘然之概，故取名"朵云峰"。

利用建筑一侧大片墙裙，塑造一幅竹石图，墙面镶嵌书卷额书"有节无心"，亦取清代画家郑板桥画竹题跋"未出土时先有节，纵凌云处也无心"。

在会展中心的道路及两园之间铺装均行列式种植大树，点缀花台及坐凳，与城市干道绿地衔接。

四、小结

翠园、峰园建成后在当地引起较大反响，华盛顿时报连续报道达一周，并声称促进了建设方的业务开展。建筑总承包方亦甚满意，商榷今后合作事宜等。

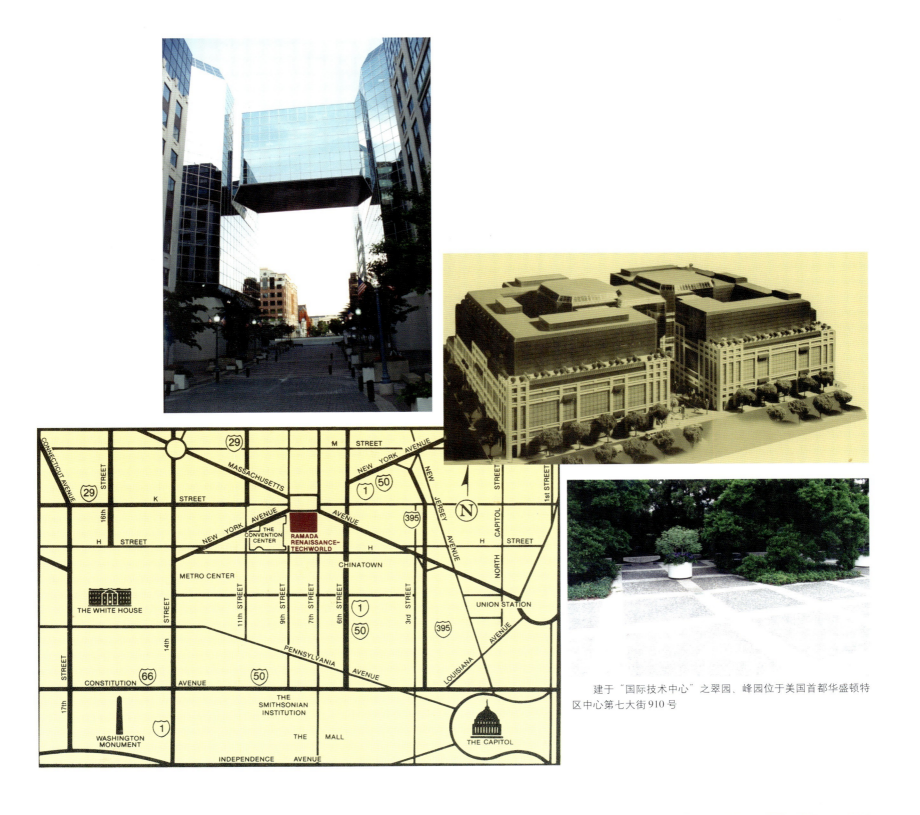

建于"国际技术中心"之翠园、峰园位于美国首都华盛顿特区中心第七大街910号

璧合中西 山水乐章——凝固的华夏园林音籁扎根华盛顿

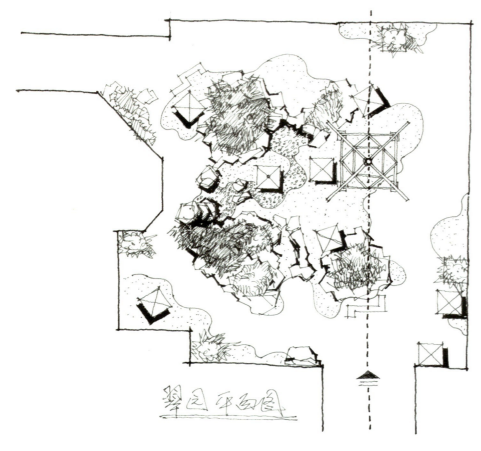
翠园平面图

翠园俯视效果

木亭与建筑呼应关系

翠园一隅

旱景水意及"探碧"泉口景观

翠园瑞雪

与水结合的山岩效果

山石抱角与矶

港湾岩洲

山石裂缝

石矶　　　　　　山石汀步

水岫

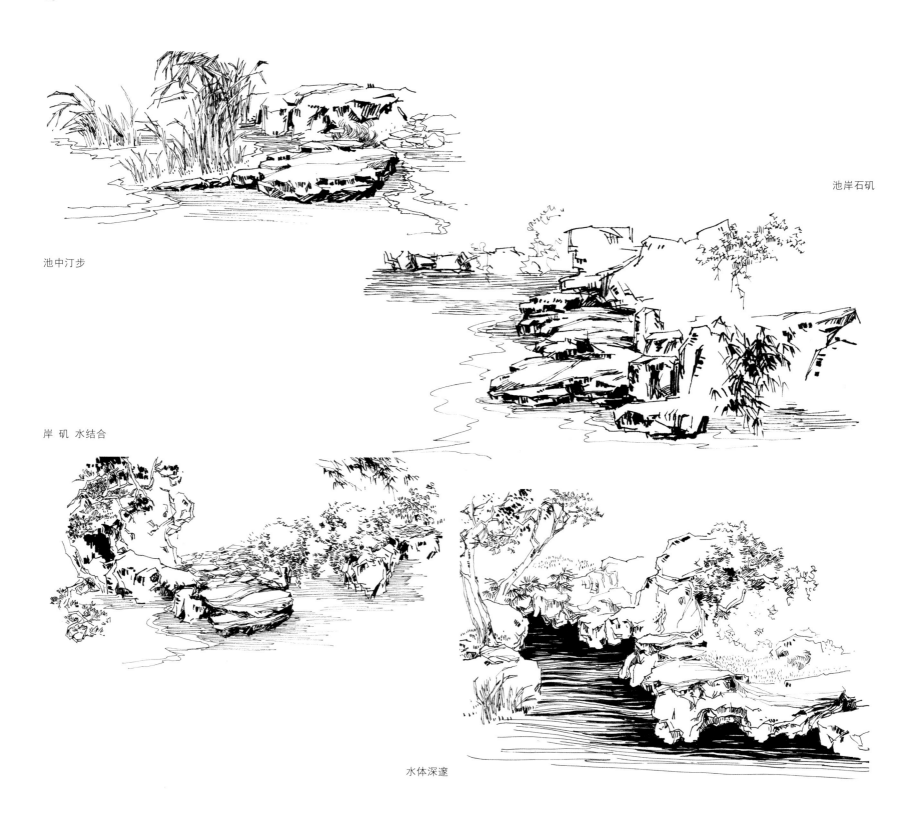

池岸石矶

池中汀步

岸 矶 水结合

水体深邃

扎根于岩隙的地被植物

峰园山石峰　　　　　坡麓景观寓延山

峰园裸岩　　　竹石园

峰园峭崖

峰园

朵云峰
Flower Shaped Cloud ...

朵云峰结构配筋图

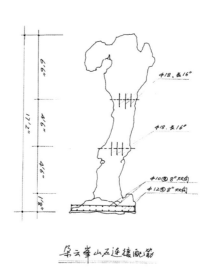

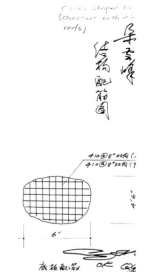

略成小筑　足征大观
——香港北区公园改建设计探索

北区公园位于香港粉岭与上水之间，原公园结构为中西合掺的形式：中间为大块水池，周围环以平岗坡阜的起伏地形，依势布置道路，经营疏林草坪，点缀花坛花径，并建有亭、小卖部、儿童娱乐场各一，属社会公园性质。为提高该园的艺术水准与使用率，由香港建筑署提出要求，由中外园林建设总公司担任改建的设计顾问并负责施工。此系香港继九龙寨城公园后又一中式古典园林的营造，于1996年1月完成，并对外开放。

一、标新立异，多重构思

现状：北区公园内水体为一泓碧波，地形为坂坡蜿蜒，植物呈疏林花丛，虽然应有尽有，葱葱郁郁，但布局给人以涣散、构图无中心的感觉，似有点"乱"。畔湖游道有弯曲而无起伏，整体显得"旷"有余，而无"奥"，俗话说一览无余。

要求：香港建筑署要求改造设计总体上要体现出中国园林之诗情画意，具体又要给游人步移景异的感官享受，在设施方面不要动过大的"手术"，以控制造价。

构思：依据港方要求，改建设计要突出园林艺术与文化，这种艺术与文化同内地比较，应该有其特色，也就是应更适合香港的市井文化，故设想在酒文化上做文章。中心湖取名为"醉八仙湖"，取唐代诗人李白《将进酒》中："古来圣贤皆寂寞，惟有饮者留其名"诗意，以唐诗《饮中八仙歌》内容造景。

八石峰为饮中八仙的写意造型，形状可依据八仙的个性来设计，亦可以看成是八个抽象雕塑，这是整个园子的构图中心，也是该园主题。

园内景点、建筑的布局设计，紧扣主题。根据各酒仙的个性、形象、诗词等来构思，诸如：李适之（左相）"饮如长鲸吸百川，衔杯乐圣称世贤"；崔宗之（齐国公）"举觞白眼望青天，皎如玉树临风前"；苏晋（官至左庶子）"李白一斗诗百篇，长安市上酒家眠；天子呼来不上船，自称臣是酒中仙"；草圣张旭"脱帽露顶王公前，挥毫落笔如云烟"；布衣焦逐号称五斗方卓然，更是"高谈雄辩惊四筵"等等。这样围绕醉八仙布置的景点可以很精彩，个性也十分鲜明。

另一个方案就是四平八稳的构思，选定江南园林另一支脉：扬州园林风格。原因有二，其一是不再重复九龙寨城公园的形式；其二，现状环境更适合扬派风格，正如学者众述扬州园林"视野较苏州园林广阔，而景点间呼应又较杭州西湖为紧凑"。

造园具体风格选择"乾隆盛世"，因为此时期造园思想是全面展示人的创造能力，充满着世俗的人情味道；扬弃以往清旷、超逸的意境，由于财力的丰富，园林审美重在表现人为创造环境美的进取精神，注意形式美和技术的精巧。在具体做法上：

总体：相互因借、群体构图；
环境：妙造环境、亭榭参差；
单体：标新立异、精巧新颖；
宗旨：略成小筑，足征大观。

以上两组不同的构思方案，香港建筑署确定按后一组构思设计。

二、近水远翠，画间盎然

在北区公园内布局建筑，要达到"平中出奇"，堪称佳作。要平中出奇则需从两方面考虑，首先是总体上的高低错落，故需结合地形，"因其高而愈高之，竖阁磊峰于峻坡之上，因其卑而愈卑之……",即因形随势来经营。另一方面系建筑单体,应"妙在得体","精在体宜"。故采用散点式布局,小筑融入环境之中,得"天坠地出"的艺术效果,然建筑本身又雅洁小巧,亲切宜人。

作为全园构图中心的六角亭放在水面纵深最长的轴线上,是水面由旷至奥的构图焦点,在近水繁华之中,远翠交目,举目高大丛林浓荫如盖,流水扭曲飞动,从树根石上喷落飞下,淙淙有声,六角亭的倩影,隐现在岗顶树隙之中,在山林深深、涧水琮琤的环境中显得格外生动、含蓄,然虚实相间,大大增强了空间的节奏感,似有"略成小筑,足征大观"的艺术感染力。与亭相呼应的对景是水亲和的水榭,小青瓦屋面出戗,木本色立柱,雕花美女靠如国画线描勾勒,皆俯仰自适形神,尤其是架空的柱基,使水深入小筑,有如浮于水上,"盛暑卧亭内,凉风四至,月出柳梢,如濯冰壶中",令游人"顿开尘外想,拟入画中行"的逸趣。

另结合圆形音乐台的舞台设计为专供演出的扇面厅,使功能与造型有机结合,岗坡上点缀双亭,曲廊则是与小卖厅组合,随形拓依势,画意盎然。其具体做法,诸如:俊秀的花窗、典雅的洞罩、精美的格扇、工整的挂楣、别致的透花瓦脊,以及舒适的美女靠、细腻的云石栏板、柱头等均呈现"北雄南秀"的格调,在纤秀中又增添几分刚健。

总之,北区公园的建筑是有着主次高低之分的,但总的给人有秩序有条理,在规矩之中又是自由活泼,灵活多变的感觉,然皆是"藉景而成"获"足征大观"的艺术魅力。

香港北区公园总平面图

扇形看台平面图

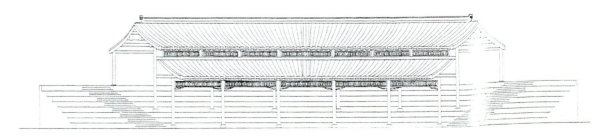

扇形看台正立面

略成小筑 足征大观——香港北区公园改建设计探索

香港北区公园效果图

曲廊

涵碧亭

自扇面亭远望涵碧亭

略成小筑　足征大观——香港北区公园改建设计探索

实景

扇面亭

六角亭

嬉戏

中国园林立意·创作·表现

园林研究

造园精艺
——江苏古典园林总论之一、之二

江南古典园林在园林立意布局、掇山理水、建筑营构、花木栽植等方面都形成了自己的特色,艺术成就冠于全国,曾对皇家园林产生重要影响,也曾影响到欧洲自然式园林新风格的形成,在世界园林发展史上,具有重大的价值。江苏古典园林的造园特色,正如明代文人兼画家茅元仪所述:"园者,画之见诸行事也"。此类园林是山水画立体化,即运用山水画两度空间的手法创造由山、水、建筑、花草树木组成的三度空间的自然山水园。唐、宋以来,不少文人、画家,由于怀才不遇,遁世隐居,逃名丘壑,以期从复杂的"红尘"生涯和繁琐的事务中解脱出来,正如陶渊明所曰:"久在樊笼里,复得返自然"。他们把自己起居的屋、堂、斋、馆等,放在一个自然山水的环境里,寄情于山水,形成一个"悦亲戚之情话,乐琴书以消忧"的美好的生活环境。故这一类园林又称之为文人写意山水园林(以下简称江苏文人园林或江苏古典园林)。山与水是江苏园林构图的中心,亦是造园的主体部分,园景呈现出"树无行次、石无位置。山有宾主朝揖之势,水有迂回萦带之情,是一派峰回路转,水流花开的自然风光"。园内的建设,一是满足生活功能上可居需要,另一方面是感情的继续和"生发","其布置是按山水风骨,量体裁衣,烘云托月,去提高自然山水的艺术感染"。诸如虚心高节的修竹,疏影横斜的梅花,出淤泥而不染的荷花等园林植物,也都是用于烘托主题和寄托其情感的。

江苏经济基础雄厚,园林兴造,屡兴不衰。清乾隆(弘历)南巡,富商大贾多以皇帝临幸为荣,加速了园林的发展。江苏山水园数量之多,艺术成就之高,堪居首位,至今仍名噪中外。山水创作在江苏古典园林中占统帅地位。多样变化的山水景象,变而不繁,多而不复,"通过导游路线的起伏转折,满足了俯视、仰视、平视的要求,移步换景,在风景和画面上,形成了高远、深远、平远的三远之境"。组合形式众多,艺术手法卓绝,形成自然、澹泊、恬静、含蓄的地方特色。

第一节 立意布局

江苏文人园林是一种精神文化的结晶。明代造园家计成在其名著《园冶》中说:"三分匠,七分主人","第园筑之主,犹须什九,而用匠什一"。这就是说造园的思想,必须符合园林占有者的园林观,园中无论是林泉丘壑,还是澹泊湖山、岗岩曲径或水榭风荷,它的艺术造景无不是按照园主人的思想主题而创作。江苏文人园林虽然以自然风景为蓝本,或模拟山水画,或借鉴田园诗文,而造园过程中则更集中、更概括、更理想、更富有情趣,并寓有一定的思想感情,倾诉一种理想,表达一种意愿,即"寄情山水",创作一种理想美的意趣盎然的境界——"意境",这是江苏文人园林的精髓。

江苏文人园林重意境,是因为园林的拥有者为当时现任或退休的达官显贵、士大夫、富商大贾之流,小园主也起码是骚人墨客之类。他们要从宦海的沉浮、官场的灾难、生意的险恶中解脱出来,遁世隐居,逃名丘壑,以示高雅。城市宅园恰可满足他们的需要,使物质与精神二者的享受兼得。苏东坡所谓"可使食无肉,不可使居无竹;无肉令人瘦,无竹令人俗";郑板桥书"未出土时先有节,纵凌云处也无心"、"留得残荷听雨声"、"山花野鸟之间"、"少风波处便为家"等匾额,一时为江苏一带追慕风雅的园主所乐道,"情以物兴,情以物迁",小小的园林空间对园主人来说,蒙上了一层缥缈虚脱的色彩,寄托淡漠厌世、超脱尘俗的思想。如苏州拙政园，始建于明代正德年间（1513年），御史王献臣因与权贵不合，弃官还乡，退居林下，将愤世嫉俗之心寄托于"娄齐门之间"的一块"隙地"，浚治山水，环以林木，并寓晋代潘岳所谓"灌园鬻蔬，是亦拙者之为政也"之意，取名拙政园。网师园寓"渔隐"之含义，水院南筑"濯缨水阁"，取"沧浪之水清兮，可以濯吾缨；沧浪之水浊兮，可以濯吾足"的诗意。耦园，"耦"为两人耕种的意思，这里是指夫妇皆隐居归田的意思。寄啸山庄是寓"倚南窗以寄傲，审容膝之易安"之意等等，反映了造园者的抱负和园林的意境。

江苏文人园林除精神上的功能外，还有物质方面的实用内容，即保证园居活动的物质条件，诸如游览赏景、遮荫避雨、坐卧休憩以及园主不同的癖好与娱乐方式，有读书、作画、弈棋、抚琴、吟诗、清谈、对酌、品茗以至静坐参禅之类，也有其他如听戏、赌博等玩乐方式。园居生活既可坐享城市文明，又兼得湖山乐趣。明太仓弇山园主王世贞（元美）曰："山居之迹于寂也，市居之迹于喧也，帷园居在季孟间耳。"江苏文人园林是在一个有限的隙地范围内，按照富有诗情画意的主题思想，精雕细琢地因地制宜塑造山水、栽植花木、点缀建筑、经营鸟兽虫鱼之类，从而创作一个理想的幻觉无穷的自然风景境界——"城市山林"、"咫尺山林"形式。这种"城市山林"不失为一种高度概括的艺术。尺度缩小了山水景观，"咫尺山林"无需长途跋涉之苦，可得湖山逍遥之功，它正可满足士大夫悠哉游哉、信步山水、消遣闲情的逸致。由于园林景象寓有一定的思想感情，置身园林，亭台楼阁掩映于山水花之间，步移景异，游览空间呈连续动态序列布局，空间实体提供了可行、可望、可游、可居的现实条件，可产生"小中见大"、"以少胜多"的艺术效果。故有立体的画、多调的曲、即兴的诗之比喻。同时，在园林景象的观赏序列中，融汇着景象的季相与时态的表现，诸如四季、晨昏、雨雪、晴晦等变化，体现出具有实用价值的时空艺术。

江苏文人园林的构成，包涵自然要素与人工要素互相对应而又统一的两个方面。自然要素为地形、植物、动物，人工要素为园林建筑、园林工程。自然要素起主导作用，决定园林景色的自然特征；人工要素主要是实用价值，游憩、遮荫避雨、御寒避暑、饮食起居及园居活动。二者相辅相成、相得益彰。自然要素惟有通过人才能发挥它的作用，人工要素不但保证与自然要素直接发生关系的游园活动，更要满足园居的实用需求，故人工要素的处理，以接近自然为准则，尽量顺应自然，美化自然，使其结合于自然之中，以成为与自然要素融为一体的观赏因素。人工要素在发挥自然美的前提下，巧用建筑的匠思，创作出自然美与人工美统一的艺术形象。

江苏宅园（含庭园）多居城镇、坊里之间，局促而缺乏地形变化的造园基地，促使江苏文人园林走向高度概括的艺术境界，如计成所曰："园林巧于因借，精在体宜，愈非匠作可为，亦非主人所能自主者。"

江苏文人园林是采取自然式丘壑的手法，计成强调为"巧于因借"。"因"是根据造园园址的实际地形来布局规划。李渔说："因其高而愈高之，竖阁磊峰于峻坡之上；因其卑而愈卑之，穿塘凿井于下湿之区。总无一定之法，神而明之，存乎其人……"。"借"就是借景，计成说："借者，园虽别内外，得景则无拘远近。晴峦耸秀，绀宇凌空，极目所至，俗则屏之，嘉则收之，不分町疃，尽为烟景。"园林是三度空间游人视野的境域，可以借园外之景来丰富园内艺术构图，规划原则脱不出"因"与"借"，众多的园子所处相异的环境，其技法又各有不同。众誉为名园的寄畅园是采用"延山引水点园林"的布局，其妙在"利用地形，巧于结合外因，冶内外于一炉，纳千里于咫尺。能突破有限空间，以少胜多，小中见大"。寄畅园背山临流，右邻锡山，后倚惠山，近控寺塘泾，远把惠山浜，周围景观丰富而视野广阔，达到了远山近水，虽非我有而若为我备的境界。天赋的环境条件使构图有千里之势，境界无限拓展开去。造园虽仅一山、一水，但园林与建筑群由于山石林泉安排得体，亭台楼阁点缀有致，能得自然山水的神韵，故不仅有自然山水之美，更有诗情画意之境，人为景观与自然风光融为一体。

园林山水的经营如绘画，主要要视面积大小和所处的位置而定，只要处理恰当，皆为佳作。耦园居苏州城弯一隅，耦园山水设计是因其高愈高之，因其低而凿池，因其夹涧而为桥，因其下为置亭榭，在这丘壑之中，南有四面厅跨水，名"山水间"，该园的精粹亦就在山水间。

叠石丘壑的假山园，在江苏文人园林中尤见其长，有代表性的首推环秀山庄、瞻园、个园。环秀山庄占地不大，假山部分仅一亩之地，能岩峦耸翠，池水映天，气势磅礴，巧夺天工，如真山，入画意，真所谓"咫尺山林"，小中见大，少中见多，虚中有实，实中有虚，堪称我国叠山艺术绝无仅有的极品。个园园景构思新颖，章法不谬，善于运用"四景"手法，把整个园子划分为大小不同、性格各异的空间，在四个空间的相互对比的作用下，更加突出了自己的特点，使之各尽其趣。"四景"用一条循环状高低曲折变化的观赏路线把它们组合成一个整体。瞻园是著名的假山园，全园面积仅12亩，假山就占3.7亩。自然式的山水构成园的地形骨架，结构得体，造景有法，山水之间相辅相成，浑然一体。苏州山水画家吴敔木居所"一粒砂里见乾坤"的"残粒园"，不过140m²，虽是一勺之水，能见出"水布往来"，以石代山，乃丘壑中见笔墨。"山之光、水之声、月之色、花之香"无一不有，可称"袖里乾坤大，壶中日月长"，志清意远。

江苏文人园林是基于人们企图生活于一种与自然相联系的理想境界的实用需求，因此，不仅在园中设置亭、廊之类的游览建筑，而且还必备宴会的厅堂斋馆之类，并以此作为主体景观的主要观赏点，比绘画更为实际地要求其可行、可望、可游、可居，园林中人为的自然环境与人工的建筑对比、衬托，从而达到统一和谐的艺术效果。

园林建筑包含玩赏实用与审美享受双重内容，并组织到山水艺术环境中去，江苏文人园林提供了大量优秀的范例，这也是至今它仍然光芒四射的原因。生活是艺术创作的源泉，园林建筑多采用江南民居的风格，但又是经过艺术加工的形象，它较之一般民居在体形上更为丰富，在空间上更多变幻，在装修上更有文化品位与情趣。从现存的园林建筑来看，明代注重篱茅舍澹泊闲逸的情调，而清代则注重装修的富丽典雅的享受。园林的实用性决定建筑经营规模的功能性质，造园思想决定它的艺术形象和景观构成关系。体现意境的园景主题不但规定了山水、花木、动物的取舍，同样也规定着建筑的艺术面貌。例如苏州沧浪亭，作为主体景观山林一区，点缀石柱方亭形式，取材于江南村郭路亭造型，从而突出质朴的野趣。苏州的逸圃，按照江南水乡隐居的主题，配合岗坡疏林的背景，临水设置的园林建筑采用了水平构图的单纯、平易的水乡居民格调。在江苏文人园林中，通过对建筑经营顺应自然的处理，而使建筑营造表现出自然的美；对山水、花木、鱼鸟等提炼概括的处理，使自然要素表现出加工的美，使两者本身各自包含着对方的因素，从而在共同的主题思想下统一起来。

观赏花木用于园林创作，可以造成一个充满生机的、优美的自然环境。繁花似锦，是焕发精神的自然审美对象，也可渲染景象季相特征。一般采用自然式的栽植方式，融汇于山水景观之中。在拙政园中，为了吟赏早春玉兰而设"玉兰堂"，为欣赏仲春海棠而设"海棠春坞"，为观赏暮春牡丹而设"绣绮亭"，为吟咏夏夜荷花而设"远香堂"，为吟咏橘林秋色而设"待霜亭"，为踏雪寻梅而设"雪香云蔚亭"，真是"一年无日不看花"。又如扬州瘦西湖"四面绿荫少红日，三更画船穿藕花"的绿荫和荷香，寄啸山庄的"月作主人梅作客"，个园一进园门的一片修篁弄影,都是著名植物景观。江苏文人园林是高度概括的艺术创作,花木均讲究有画意、入意境,并被赋予了不同的品格。江苏文化园林栽植花木的园林艺术功能,主要有装点山水、衬托主题;分隔联系、含蓄景深;陈列鉴赏、景象点题;隐蔽园界、拓展空间;笼罩景象、光影变幻;渲染色彩、突出季相;表现风雨、藉听天籁;散布芬芳、招蜂引蝶;根叶花果、四时清供。

动物在江苏文化园林中,是景象结构要素不可缺少的部分,从拙政园三十六鸳鸯馆馆名,可以得之动物是作为宅园中独立鉴赏或玩耍娱乐的。江苏文人园林自由放置在山水景象之间的动物,不论是家畜、家禽还是驯化了的野生禽兽以及昆虫、鱼类,其品种都是根据景象的主题选定的。因之这些动物的布置,都有助于设计意境的形成。动物的效果,不仅在于其自然趣味的活动形态可以加强景象的野致和生动感,而且在林泉之间的一声鹿呦、鹤唳、鸟语、蝉鸣,凉夜阶前蛩泣,暖昼花间蜂吟,甚至游鱼啜吮残红的细微音响,都是提供自然审美享乐的天然音乐,起到加强园林艺术感染力的作用。江苏文人园林艺术创作,出自因借的原理,对于看来是偶然的被动的因素,诸如因季节而出现的禽鸟、昆虫之类,认识其规律并自然地掌握,而将其作为景象结构的一个自然因素加以利用,也都构成了欣赏的对象。《花境》中就曾明确地陈述了这一观点——"鼎沸笙歌,不若枝头娇鸟;候调鹦鹉,何如燕语莺鸣。能言之禽尽多,若不罗其群、毁其卵,毋烦炊啄而自集长鸣也"。《园冶》也提到"卷帘邀燕子"、"林荫初出莺歌"之类有关自由栖息动物的"借景"。对于园林动物的欣赏,意味深长的是其音响效果,植物借风雨而发出衬托寂静的音响,动物本身发生的声音,更能渲染自然景象幽邃的意境,正是所谓"蝉噪林愈静,鸟鸣山更幽"。造园者对自然的友爱,不仅表现在对山水、花木的雅兴上,也表现在对动物充满情趣的欣赏上。历来像对待植物一样,把某种思想感情也寄托在他们所感兴趣的动物身上,即把动物也人格化了,像是认为犬、马知忠义,乌鸦讲孝道,鸿雁对伴侣有坚贞的节操,鹿、鹤、龟象征长寿,狮子讲法驱邪,象代表吉祥,孔雀象征幸福、富贵,鸳鸯象征美满恩爱的婚姻,蜂、蝶迷恋花象征着爱情等等。

第二节　　掇山理水

一、基本类型

江南文人园林,采取自然式丘壑布局的手法,因地制宜是其基本原则,其成功之处,关键是能"巧于因借"。"因"是根据造园园址的实际地形布局规划。正如李渔所述:"……因其高而愈高之,竖阁磊峰于峻坡之上,因其卑而愈卑之,穿塘凿井于下湿之区。终无一定之法,神而明之,存乎其人……",即"因形随势"来经营。"借"就是借景,计成曰:"借者,园虽别内外,得景则无拘远近。晴峦耸秀,绀宇凌空,极目所至,俗则屏之,嘉则收之,不分町疃,尽为烟景。"江南文人山水园的规划原则都脱不出"因"与"借"。众多的园林所处环境各不相同,其造园技法有四种不同类型:

(一) 延山引水

"延山",是指将园外远山借景入园,园内人造的平岗岩峦,作为远山的余脉处理的手法。而把水引导入园形成多种水景的处理谓之"引水"。

众誉为名园的寄畅园即是采用"延山引水点园林"的布局。园内假山置于西部,与水池基本平行,处于惠山之麓,前迎锡山晴峰,后延惠山的余脉,平岗小坡的形式与惠山雄浑自然的气势相垺。假山构筑材料土多石少,石料全部采用黄石,与惠山的土质石理统一,叠石采用大斧劈皴法,浑厚嶙峋,显得假山与真山脉络相连,体势相称。假山高度虽仅3~5m,但假山上古木交柯,苍莽葱郁,遮掩了园西界墙，引进了园外绿化。惠山秀色透过树丛，若断若续，悠然而至。假山的布置，陪衬了惠山，呼应了惠山，引渡了惠山，"受之于远，得之最近"。使惠山峰峦近在眉睫，园在山中，山色满园。"延山的土丘与水池比例亦相称，将假山与自然山峦融为一体；又能与池中倒影相映成趣，荡漾入画"。

清朝康熙年间，号称扬州八大名园之一的"影园"，是《园冶》著者计成设计与施工的，园主人郑元勋在为《园冶》一书题词中写道："即予绣筑城南，芦汀柳岸之间，仅广十笏，经无否略为区画，别具灵幽"。影园"列千寻之耸翠"、"浚一派之长源"为其构图的主题，山与水创造了声色俱全的园林景观。特别是在位于苏北平原的扬州，塑造出山环水抱确实不易，其创作手法妙处亦是"延山入园"。

影园北隔水为蜀冈，蜿蜒起伏，尽作山势，登读书楼则平山、迷楼皆在项臂，"平山苍莽浑朴，欲露英雄本色"。南眺江南诸山，历历在目，若可攀跻。正如计成在《园冶·园说篇》强调的"远峰偏宜借景，秀色堪餐"，"山楼凭远，纵目皆然"。充分体现出园内虽有内外的分别，但借景则并无远近的限制，晴山耸立的江南秀色，古寺凌空的平山胜景，皆尽化为己有。计成利用并结合自然环境，在园内因意添设，创造人为山水来引渡自然山水，使假山与远峰云山由内外照映，把园外真山组入园景，大大拓展了园林空间。"入门山径数折，松杉密布，间以梅杏梨栗……"又在一字斋，"隔垣见石壁二松，亭亭天半"。在媚幽阁，"一面石壁，壁立作千仞势，顶植剔牙松二……"、"涧旁皆大石如斗，石隙俱五色梅"。园东南部是土山，松杉成林；北部是石包土山，按陡壁处理。园内的掇山拟为园外向园内的延伸，是主山的余脉平地又起，中间通过丛林连接，使园内的掇山与天然山势气韵相连，与真山脉络相承，连成一体。园内掇的山在这样大自然的空间内，使人们感受到强烈的气势。漠漠平林，显得山体更为平远，浮风飞翠，构成一幅山水长卷；北面较近的蜀冈，园内是呼应色泽苍古的千仞峭壁，虬曲古松，显得山势宏大高远，重岩叠嶂，恰又是一幅山水中堂。影园内"延山"的成功是"以真山为依据，又融合在真山之中"，正是计成"以假成真"、"做假成真"的理论的实例。

扬州大明寺内的芳圃，是乾隆南巡之御花园。其造园别开生面，利用蜀冈高地一隅，开山凿池而构筑，产生出山巅天池的景色效果。其延山引水之妙，是按起伏山地，顺理成章，就东北面高坡（即蜀冈中峰）向水池引渡。平岗阪坡，博合无垠；曲岸重涯，婉转有致。为了提炼蜀冈山色，使风景增加生动灵活之情趣，用浑厚质朴的黄石包镶延下的山麓坡地，雄浑的假山石脉，分明清晰，非但能神合岗坡，更增加了岩壑的幽深、苍古之境；水中奔趋的石矶、汀石，虽如山水画中简单的临水一抹，使假山与水池咬合得更加紧密，令人玩味无穷，涉趣无尽。介于半山半水之间的浮渚浅岛，平展沙脚，意态清逸。东部"天下第五泉"周围，是大型的黄石山，蓄聚洌泓的泉潭，虽与水池不通，但两者之间的高差，环抱逸巘岩的裂隙，寓意着池水是泉水从石隙漫流而来的。山水相映，益觉山若耸而高，水若浏而深。正如宋代山水画家郭熙在画论中对闭锁风景的评价："……正面溪山林木，盘折委曲，铺设其景而来，不厌其详，所以足人目近寻也。"园中高林巨树，蟠首矮矫身，其后岗容霭霭，平山堂、大明寺飞檐翘角飘然而至，成为岩壑林泉的背景，也如郭熙所说："……旁边平远峤岭，重叠钩连缥缈而去，不厌其远，所以极人目之旷望也。"延山的手法，将大自然引渡入园，园内之山又融合于大自然之中，"以真为假"、"做假成真"。这种重气韵的造景，实际是自然主义和浪漫主义相结合的造景手法，能得到"形神兼备"的效果。

寄畅园水法是"引水"，贵在有源泉。安排在山边假山中的八音涧，是人工安排的谷道，两山夹峙的谷道，酷似大自然中山体的裂隙，并作为展示山涧的游客路线，置身其中，奇岩夹径，怪石峥嵘，盘曲蔽日，林壑幽深，殊有前不知其所穷，后不知其所止之感。利用流经墙外的二泉伏流，入园暗出以为泉源，依据地形倾斜，顺势导流。泉出潭而成涧，自高而下，分层跌落，山涧时收时放，有时居山脚之一侧，有时又横穿谷道。在明流中穿插了一段穿山脚石罅的暗流。山谷本幽静，但因夹涧而产生了共鸣箱的音响效果。涧因叠落高差不一，落水潭深浅的变化和明流、暗流的敞音和闭音的变化而产生"无弦琴"的联想。不啻八音齐奏，然窄细的水景呈现了忽断忽续、忽隐忽现、忽急忽缓、忽聚忽散，可谓动态、明暗、色彩、音响等皆有变化，众多学者喻为一幅"风壑云泉"的立体画卷，十分恰当。八音涧水从西南流向东北，在涧尾折而向东，展开成平波澹荡的水池，池广仅3亩，形成了园中开朗明净的空间。周围假山、建筑、林木的巧于安排，勾勒出曲折窈窕的水面轮廓。池东的临水建筑知鱼槛和西岸伸向池心的鹤步滩石矶夹峙，收缩了水体，这样增加了风景的层次，加强了南北方向的纵向深度；鹤步滩还打破了西岸的平直，使水体和池岸吻合更紧密。东北角水面经平卧波光的七星桥和飞跨的廊桥二度分割，形成相异情趣的小水面，再现了江南水乡重洲浅渚、湖港交叉的特点，显得深邃不尽，婉转相迷。

无锡惠山山麓的"天下第二泉"理水，亦是别具匠心的。清泉是从林木荫翳的陡壁、岩隙漫流而出，有潭承接下注之泉，深潭投水，既空且沉，潭上置亭，点出"二泉"之名；潭前凿一溪滩，引水向北转东逶迤而下，婉转多姿，颇生意趣。溪长十长许，潺潺别有情趣。溪涧石罅八、九折，各尽其趣。有时青溪泻玉，石磴穿云，大有水声叮咚，如闻琴声；有时淙淙出石石洞，尤显水源深奥，别有幽壑；尚有落花浮水，水愈清溜，溶溶荡荡，旋回萦行。还巧妙地利用地形起伏，形成高低不同的三级叠落，发出铿锵的溪鸣。"犹如一部乐章的起承开合，既徐缓抒情，又有抑扬顿挫，节奏的韵律感极强。整个水体皆处封闭空间，从而产生回音，大大增加了共鸣的音响效果"。

计成设计的影园，是取意山影、水影、柳影而得名，园以水为中心，山为衬托山环水抱的园林境地而为。影园是湖上一岛，被内、外城河环抱，岛中的水面形成岛中有湖，小内湖上的玉勾草堂的小岛，又成了湖中又有岛的情况，湖中有湖，岛中有岛，步步深入的空间，显得布局层层叠叠，格外丰富，具蕴藉含蓄的情调。就以水面本身来看，是以聚为主，聚中有分，在池面的中间部位，曲桥东部的石磴，与一字斋西南的土山相应地向池中伸展，收缩成夹峙之势，使水面像个葫芦。在此之北，又以"荣窗"和亭桥"湄荣"再一次收缩水面，空间划分为"展－缩－缩－展"的三个大层次，成了南北之间夹景式构图。"似隔非隔，水意连绵，更显出水面的弥漫、深远"。茅元仪在《影园记》中曰："水狭而若有万顷之势矣。"影园还注意了深邃幽奇水景的塑造，媚幽阁三面水，一面石壁，"壁下石涧，涧引池水入，畦畦有声，涧旁皆大石，怒立如斗……至水而穷不穷也"。水仿佛是劈山凿岩而造成的湍流、曲涧等水景，寓意"水之源"。

（二）阜培洼疏

江苏文人园林山水的经营如绘画，无论是片石疏林、一线流水的册页，还是山高水长的巨幅，皆精心收拾为佳作。苏州沧浪亭面积不大，然情景交融的艺术境界，恰如沧浪亭内的楹联所说："清风明月本无价，近水远山皆有情。"其造诣在于造园不落凡响，一反高墙深院的常规，将园内、园外融为一体。未进园门，已是绿水回环、柔丝千缕，园林意趣迎面扑来。临水山石嶙峋，其后山林隐现，苍蔚蒙茸，仿佛后山余脉绵延而至，达到山为水峙、水为山映的程度，体现出该园苍凉廓落，古朴清旷的独特风格。沧浪亭因水扩大了空间，造成深远空灵之趣。"园内借水而掇山，一虚一实，互呈对比，实为因地制宜之举"。沧浪亭借助园外景色的铺陈渲染，敢于开门见山，土山带石，景色苍润，有此一障，顿觉山林野趣横生。穿过曲折清幽的磴道，体味"日光穿竹翠玲珑"的诗意，登上看山楼远眺田园风光及天平诸山的晴峦耸秀，空间顿然扩至无限。沧浪亭山水手法，与大明寺芳圃极为相似，但沧浪亭入园后是"步步高"，而芳圃则是"步步低"，异曲同工。

耦园居苏州城弯一隅，造园表达了一对夫妇在山水之间枕波、顾影、听橹、织帘、读书的高尚情操和理想生活。耦园山水设计，是因其高而愈高之，因其低而凿池，因其夹涧而为桥，因其下为置亭榭，丘壑之中，南有四面厅跨水，名"山水间"。该园的精萃，亦就在阜培注疏之山水处理。整个水体是从山水间向北伸展的窄长水面，自中部宛虹桥至北一段，黄石假山夹峙，绝壁直削而下，插入水中，山势雄伟峻拔，使水面形成涧溪的景观。东边长廊下巉岩嶙峋，附藤垂波，在此设闸引城河水入园，作为受水池的水源。由于岩岫的逼真，俨然是山中渗透出泉水，极为巧妙。黄石山从水边向西延伸，成为园主宴聚的城曲草堂的对景，开门见山，有石径可通山上平台和石屋，峰顶为留云岫。为加强山水气氛，巧妙地将黄石山以谷道"邃谷"一分为二。邃谷两侧，悬崖突兀惊人，山路崎岖盘行，由于以邃谷来串联山水庭园和起居场所，"峰回路转又一村"的情调油然而生。

扬州瘦西湖的山水，除具有一般园林委曲婉转、妙造自然的特点外，由于布局上巧于因借，顺应自然，改造自然，美化自然，因而更具有平岗小阪、丛林曲水的情调，形成苍凉廓落、古朴清旷的独特风格，以其朴实无华之美，享有盛誉。

瘦西湖原本有水无山，而展现在人们面前的却是山环水抱的湖山佳境，诗人杜牧"青山隐隐水迢迢"的诗句，生动点出了造园的妙处。挖湖堆丘而成的小金山，虽仅高数丈，亦山路蜿蜒势极幽险，由于得自然之理而呈自然之趣，故"如拳不大，金山也肯过江来"。另外还"因借"长江以南宁镇山脉为己有，书"远山来与此堂平"的联句，在蜀冈建平山堂，凭栏远眺，"六代青山都到眼"，使人有"言有尽而意无穷"的浮想联翩，造成瘦西湖不仅有山，而且岗峦耸翠，极目千里的效果。而在蜀冈与小金山之间，则平岗小阪，岩峦疏林，似断似续，呈现连绵起伏山林之势，巧夺天工。

瘦西湖是蜀冈山洪从东、中峰冲下，经汇入自然河沟而形成的，水流入运河而至长江。造园依据自然河沟、土阜、相形度势，通过桥、岛、堤、岸的划分，使狭长的湖面形成来去无踪，弥漫无尽的境界，构成有节奏的旋律、连续构图的湖山胜境。4.3km长的瘦西湖，总的分为三大段落：从御马头至徐园，是长河如绳；四桥烟雨至二十四桥，是无限浮光的湖面；二十四桥至蜀冈，是涧溪曲折深邃。总的来看，西园曲水以东，是全园的序幕，大虹桥至四桥烟雨，是一个安静开阔的水湾，四周以山青水秀的景色，式样各异的小桥隔成动人的景区。小金山在前面一挡，气势紧凑，水面被分为四支，在小金山西侧伸出钓台长渚，半虚半实，湖光塔影，映入眼帘。过五亭桥以西，折而北，水面以堤分割，迂回曲折，野趣横生。狭瘦的水面加之两岸危崖涧谷，石壁流淙，似觉已到尽头，但穿芦荡花屿，在砾石沙洲中作四五折而豁然开朗，隐藏在万松竞翠蜀冈上的平山堂、观音山气势雄伟的建筑群，已列于眼前，让人身临"山重水复疑无路，柳暗花明又一村"的境界，呈现出一片自然质朴的情趣。整个景区如章回小说的铺展，又如一轴立体的国画长卷渐舒，如一支清新、幽雅、旋律起伏的抒情古曲。从蜀冈双峰交峙处泻出瀑布，注入深潭，潭出成涧，涧展开成湖，湖收拢成河，旁有溪通流为池，露土为泽，形成一个完整的、丰富多彩的、对比统一的水系。既符合自然地貌水体发展的规律，又作了写意的提炼加工，较好地发挥了瘦西湖的地方特色和曲折窈窕、水意连绵的艺术效果。

苏州留园的山水安排是采用对比的手法，西边为开朗的山水空间，中间水池，假山占边，相互穿插，山环水抱，呈现出"圆潭写溪月，烟霞生虚壁"的山石林泉景观。东边封闭天井中以特置峰石代山，其效果恰如沈三白述："推窗如临石壁，便觉峻峭无穷；……虚中有实者，或山穷水尽处，一折而豁然开朗；……实中有虚者，开门于不通之院，映以竹石，如有实无也"。山林气息十分浓郁。

（三）池中理山

山置池内，并四面临水的布局统称为池中理山的形式。拙政园、近园堪称佳作。

拙政园因"娄、齐门之间"的一处"隙地"，由于"有积水亘其中"，故全园以水为主，并组成水网，构成江南最常见的"水乡泽国"。用朴实无华的手法塑造最平凡的江南水乡的艺术的形象，体现园主人退居林下，愤世嫉俗之心境。

拙政园的山水通过以少胜多、以简胜繁的手法，水体脉络清晰、主次分明，远香堂以北水面以聚为主，近于端方，通过水湾、港汊渗透到各个角隅；又通过地形建筑、小桥、植物、岩石的分隔与掩映，形成多种水景，在端方中见曲折，给人以联想、回味、探求、思索的广阔余地，达到了以人为奇，补自然之趣的效果，野趣横生。园中掇山，为环水的平岗坂坡，而都朝揖池山，计成在《园冶》掇山篇述："池上理山，园中第一胜也"。池山土石相间，没有奇岩怪石，奇峰异洞，山林情趣的获得，主要是借助于林木的烘托。然简洁中有丰富，池山以一水"破"之，为山林增添了不尽之幽趣。池山是全园的主山，东南面绣绮亭土石山，远香堂南面石山，香洲南土石山以及见山楼西侧之山似断欲连呈环抱状，然后拱揖池山，得到"众山拱揖，主山始尊；群峰互盘，祖峰乃厚"的效果。湖中土山中间有溪流通过，形成两个潆洄；湖水从东面进"海棠春坞，伏流至玲珑馆东水池，再转入地下，伏流至远香堂南的假山水池，又伏流至小飞虹入湖"，共有三个往来和潆洄。总体组成山有环抱之状，水则潆洄不尽。"蝉噪林愈静，鸟鸣山更幽"，"山花野鸟之间"的渲染、联想，开拓了无限妙蕴的境域。

拙政园的山水成功之处，是立意明确，手法简练，风格明净，于平中见奇，经久耐看，达到了"绚烂之极归于平淡"的艺术境界。

常州市长生巷内的近园，为清朝进士杨光鲁的宅园，杨光鲁居官福建期间，曾有遍游江、浙、闽一带名山大川的经历，在造园时又得著名画家王石谷、恽南田等协助，逐将隙穴之地经营成城市山林。笪重光曾称赞："其亭栏台阁，石峦花径，布置深曲，一一出诸指挥，可谓胸中具有丘壑矣！"

近园的造景以结构紧凑，格调不凡，朴素洗炼，意境深远见胜。虽亦属山水园的布置，但不落俗套，大胆地在园中水面"鉴湖一曲"耸立假山一座，按岩峦造型，至北边临水又拔起黄石山，悬崖峭壁，踞势幽胜，借助巨柯岩壑，使4.2m的假山顶顿觉高入云表，并有突兀惊人之势，气势十分磅礴。池山自成丘壑，概括自然山川，用远近疏密、似断欲连的手法，使"山体百里之回"。在峰下构筑垂纶洞，增山势之深邃，并"就水点其步石，从巅架以飞梁、洞穴潜藏，穿岩径水；峰峦缥缈，漏月招云"，池山南部循主山脉络理石，折而与隔水西部的土阜、丛岩呼应，使山体有连绵不绝的气韵。从各点透视均高低错落、层次分明，如画家把千里山河浓缩在数尺见方的纸上，风姿柔媚。"山增水秀，水媚山姿"。池山一隔，一泓池水则有了大小、方长、聚散的变化，呈现出湖泊、江流、涧溪、深渊的气氛。迂回曲折，恰如文震亨所谓："一勺则江湖万里"及计成《园冶》中所说的："深意画图，余情丘壑"。

（四）叠石丘壑

叠石丘壑，在江苏文人园林中尤见其长，有代表性的首推环秀山庄、瞻园、个园，然又以环秀山庄为最。

环秀山庄占地不大，假山部分一亩之地，岩峦耸翠，池水映天，气势磅礴，巧夺天工。如真山，入画意，"咫尺山林"，小中见大，少中见多，虚中有实，实中有虚，堪称我国叠山艺术绝无仅有的极品。

环秀山庄是一个以山为主，以水为辅的空间。山体占近四分之三，水面约占四分之一。山池的主山近乎中间，高出水面约6m，为南北向的山涧和东西向的山谷分成三部分，用石板、石券相连。假山造型体现"主峰最宜高耸，客山须是奔趋"。"主山正者客山低，主山侧者客山远"。主山居中偏西南，客山居西北角，东北部是平岗短阜，与主山相隔幽涧，然都拱伏主山。位于山体西南的主峰，叠石外挑，峰峦塑造出向西南方向探出的动势；陪衬的峦岗又向主峰有所奔趋，并融合于山体同一脉络之中，自东而来，呈连绵之势，使主山不仅有峻拔高耸之感，且体现出"山欲动而势长"，有奔腾跃动气派，章法非凡。"远看势，近看质"其峥嵘峭拔，气势宏大，委婉曲折，极尽变化。游山起点是先跨池上三折桥，沿主山岩脚栈道起伏向前，有洞宛然，大小石钩带联络成拱，与真山洞壑无异。洞西下侧，石隙如环，波光映入，设意奇特，空灵而深邃。出洞即巉岩壁立，运用"以近求高"手法，使悬崖峭壁突兀惊人，曲折幽深的山涧，虽无水但却寓有水意。踏汀步越涧进入山谷，左有石屋，小巧别致。随谷盘旋而上山顶，回身东俯，幽涧深隐，左峙池水，水动山摇，意味全不相同，令人深悟跃入深山大泽。园之西北角隅石壁，占地甚微，却有洞、壑、涧谷、悬崖，玲珑有致，自成一体，而又和主山遥相呼应，有名的飞雪泉即在此处。

个园是扬州现存叠山的杰出代表作，布局手法匠心独运。全园在一块小的境地里布置以千山万壑、深溪沼池等形式为主体的写意山水境域，并根据扬州假山石皆从千山万壑、深溪沼池等形式为主体的写意山水境域，并根据扬州假山石皆从外地运来，品种繁多、体量较小的特点，独出心裁创作出分峰用石的四季假山。大胆地运用"凡写四时之景，风味不同"，在同一园林中，用石种类之多是罕见的。四季用石，各不相同，全园岗峦起伏，雄奇峻险，叠阡造奇，意境深远。通过巧妙的组合，"春山是开篇，夏山是铺展，秋山是高潮，冬山是结语"。形成"一气贯注之势"，颇能表达出"春山澹冶而如笑，夏山苍翠而如滴，秋山明净而如妆，冬山惨淡而如雅"的诗情画意。以石斗奇，具有新颖的立意，严密的结构，是国内孤例。

个园园景构思新颖，章法不谬，善于运用"四景"的手法，把整个园子划分为大小不同、性格各异的空间，四个空间在相互对比的作用下，更加突出了自己的特点，使之各尽其趣。"四景"用一条循环状高低曲折变化的观赏路线把它们组合成一个整体。如从"竹石图"的春山，可透视湖石叠石停云的"夏山"，苍翠如滴的"水帘洞"抽引水边凉风，攀夏山过天桥可上秋山。在平面布局上，是交叉连接。夏山中之水，绕秋山两峰至园中，上设亭台观鱼，侧筑石圃赏花，并植有夏花植物广玉兰、紫薇等。在这后面衬托的便是"万山红遍、层林尽染"的黄石秋山，就如天气之变化，夏季过后即是金色的秋天。从秋山东峰下山，可望及"皑皑白雪"（冬山是色洁白、体圆浑的宣石堆成）。更在"雪山"西墙开两个圆形漏窗，远远招来春天修篁数竿，石笋一枚，把冬、春两景既截然分隔，又巧妙地互相因借，连接起来。当登"雪山"至顶，俯视则翠竹繁茂，"春笋"破土，令人忘却置身在隆冬白雪皑皑的山顶之上，而是到了春色满园的季节。冬景虽是游览的终止，而却萦绕心怀，如同观剧听曲一样，有曲虽终而余音未了之概，结尾的手法是极其高超的。游览线沿环形路线前进，春、夏、秋、冬的景色巧妙安排其间，来回数遍，好似经历着周而复始的四季气候的循环变化，大有无止境之意，堪称独树一帜的假山艺术。

南京瞻园是著名的假山园，全园面积仅12亩，假山就占3.6亩。自然式的山水，构成园的地形骨干，结构得体，造景有法，山水之间相辅相成，浑然一体。1960～1966年期间，瞻园经过整修和改建，论园艺效果，公认为佳品。瞻园是一块长方形地形，静妙堂将园分成南小北大、南喧北寂的两个山水空间，由园西边蜿蜒如带的一溪清流连接起来，性格各异的南与北空间相互联系、渗透、布局合理。静妙堂前水池南边，置假山一座，山峰峭拔，洞壑幽深。假山上实下空，形成蟹爪形的大山岫，钳住水面。岫内模拟石灰岩溶洞景观，大小钟乳石倒悬，与自然洞府无少差，然悬瀑泻潭，渗水依稀，藤蔓下挂，幽趣自生。为丰富层次，岫东又连有深幽的洞龛，引水入洞，还可贴壁穿蹬而上，游人攀跻如入画境，两腋生风，窈窕多姿。纵观全山"苍山壁立，绿树交映，岩花绚丽，虚谷生凉，俨若真山"。北假山位于北部空间的北边，西有土山呼应，隔溪北岸为峭壁。山南大的池面沿山东侧向北，两岸山岩夹峙，使长带的水面似溪若涧，深远幽邃。北假山以独立端严、自持稳重见长。山西石壁驳岸峻峭，组成山坳，产生水从此出的源头效果，与南假山的悬瀑产生性格鲜明的对比，山南伸展的石矶，不仅能产生出与水亲和之感，同时也丰富了岸线的变化。贴水石桥曲折于山南水北，沟通东西交通，水面的形态和层次亦增添变化。北假山外实内虚，峰谷相映，登临其上，峰回路转，步移景异，充分体现出起、承、开、合的艺术手法。故"瞻园虽小，山水卓著，清风自生，翠烟自留，园制之精，驰誉中外"。

苏州网师园"负郭临流，树木丛蔚，颇有半村半郭之趣"。网师园庭园是以水为主，并以水院形式来布置的，周围以建筑形成一个闭合空间，水池基本见方，然对角两处伸入两支曲流，尤以西北角"潭西渔隐"附近一组别致，由石矶与临水平板折桥锁住一弯清水，林木荫翳，别有深邃的意趣。小山丛桂轩北临水的"云岗"假山，造型端庄，章法不谬，水院比例适度，巉岩水岫安排得体，产生出迂回不尽之意。

江苏文人园林的山水创作，是历代造园名师、文人画家和能工巧匠们刻意追求的结果。根据要义就是：造园能细察内外环境，分析利弊，扬长避短；深谙山水相依之理，推敲经营布局，确定尺度比例。掇山理水平岗小坂、浮渚浅岛；理水则分割收放、扑朔迷离；化静止为动势，使无声为有声；天地虽小，却气象万千，巧于因借，能意趣横溢。得心应手地把自然山水浓缩于各种不同空间之内，"一树一峰入画意，几弯几曲运尘心"，山之光、水之声、月之色、花之香，呼之欲出，形成了自然、澹泊、恬静、含蓄的园林特色，江苏古典园林达到了炉火纯青的艺术成就，在中国古典园林中独树一帜。

二、艺术特色

（一）因地制宜

江南文人园林山水创作成功的关键，是把握了"因地制宜"的规划原则——艺术创作中的"量体裁衣"这一造园必须遵循的法则。十分注重相形度势，扬长避短，发扬优势，顺理成章。

寄畅园、影园、沧浪亭山水创作，独具风韵的造诣，就是因为其一：巧于因借。选址可以说是"得天独厚"，寄畅园毫不费人事之功，招来了锡、惠两山入园；影园不但北借蜀冈，还邀江南诸山青青徐来；沧浪亭借山借水使园景不同凡响。不仅达到事半功倍的效果，并延伸和扩大视野的广度和纵深度，得到人工无法塑出来的宽博旷达的境界。"风雨烟霞，天私其有；江湖丘壑，地私其有；逸态冶容，人私其有；以至舟车榱桷、草木虫鱼之属，靡不物私其所有"。其二：延山引水。园址好，借景佳只是个前提条件，还需"构园得体"。寄畅园、影园内的山水，能融汇于大自然之中，园内土丘作为远山的余脉处理，并引水从山中渗流出，人作与天开紧密地结合，然园内又提供向园外空间透视的构图，故能迎会山川，吞吐风日，平章泉石，奔走花鸟而为园。这种因地制宜，混假于真的规划，其真情实感的感染力是相当强烈的，也是逼真的，不愧为山水规划的"珍品"。

拙政园虽没有借山来烘托园景的环境，同样在有限的面积内，呈现出经久耐看的艺术魅力。拙政园的规划是因园地低洼，"积水的隙地"的地形条件，发扬水的优势，全园以水为主，河湖港汊，曲岸丛林，将园内组成水网，构成江南水乡的艺术形象，水体的纵横穿插，左右渗透开拓了无限深幽的水景。另外在最低的水面池中理山，借助林木陪衬，曲岸波影的烘托，使"山环抱、水潆洄"的画境油然而生，再现了"南山低小而水多，江湖景秀而华盛"的神韵，得到"小中见大"、"以少胜多"的艺术效果。

地形平坦无奇的瘦西湖，是"因"自然纵横的河沟、土阜相形度势，制以堤、岛、桥、岸的分割，组成去无影、来无踪、回渊九折的水体，陪以平岗坂坡、疏林岩峦、使冗长的湖面构成一幅有节奏、有旋律的水墨山水长卷。因此，游人无论在岗坡、岛堤、岸边或泛舟湖上，都能得到仿佛置身画境，如游画中的享受。在房屋栉比的城市里造园，则用高墙围成深院，屏却避喧而自成"壶天"，在封闭的小天地内，寓画意于凿池掇山。惯用"占边"的方法，把山水主景布置在中央部分，观赏路线尽量贴边经营，然后主景的山水通过各种方式，向外围渗透扩展，与建筑、山石、林木、围墙组合成很多各有特色的小空间，诸如山庭、水院等。游览路线将这些风格各异的小空间有秩序、有节奏地串联起来，用压缩视距，用"以近求高"的方法，表现山的高峻；以曲折潆洄，表现水的深远；以对比的手法求得空间上的广度、深度，达到丰富的层次。这样经艺术加工后的"寸山斗水"笏地，呈现出"泉声闻处安诗儿，山翠浓中置画床"的城市山林。如环秀山庄仅一亩余地就精彩地概括了自然山川的美景；瞻园内山环水抱，极尽变化；个园因山石品种繁杂，匠心独运地塑造了四季假山的景观。

（二）山水结合

江南文人园林布局手法，是山与水紧密结合，相辅相成。山水结合是造园的传统形式。早在南北朝刘宋年间，宗炳已把作为人物画背景的自然风景画脱胎出来，形成独幅的图画——山水画，画的主题是山与水。唐宋以来，没有专门的造园家，园林主要多为文人或者文人、画家共同参与造园。绘画与园林关系十分密切，山水画的艺术、山水结合的布局手法，广泛地运用到园林，形成了特有的造园手法，园林循着山水画的路线发展，决定了它是山水结合的布局形式，并且是"写意"的手法。

园林作为有闲阶级满足自然风景精神享受的场所，要典型地概括自然风景于一壶天地之中，它不是简单地模仿复制，而是精选加工，巧夺天工，所谓"得乾坤之理者，山川之质也，得名山胜水之灵气"。山水之间，又是相互依存和相得益彰的，诸如"水以山为面"，"山得水而活"，"山无水则不媚"。山与水的结合，可以增加自然的活力。造园把山水恰当地结合起来，让水的轻、虚，衬托出山石之凝重浑重，水的漫延清流，使山体形成一种奔腾的气势，创造出缠绵悱恻，含蓄无穷，幽微莫测，妙不可言的境界。

江南文人园林山水结合的成功，表现在"山脉之通，按其环境；水道之连，理其山形"，形成山水相亲的效果。"山逼水"、"水亲山"是其主要手段。山逼水，山体以各种不同形式与水咬合，悬崖峭壁直插水中，陡斜坡麓横贯水面，缓坡石矶缓缓延入，使水面形成河、湖、涧、溪、潭、池及港汊等众多的变化。瞻园南假山，斜探水上，两侧伸出的石脉像蟹爪钳住水面，使不大的一泓碧波，分割成水岫、深潭、池和曲溪的景观，十分生动。北假山南麓，伸展成矶与水亲和，方整的湖面顿觉曲折深邃。水体穿插进山的形式，叫做水亲山，环秀山庄山体，就是一水破腹而过，造成两山对峙之势；寄畅园延山的土岗由一线溪流贯穿，仿佛水使山涧产生众多裂隙，大小裂隙、水岫、浅潭与山融为一体，达到了山水参差渗透、互相咬合、刚柔相济、生动活泼的境界，山水的突兀峻峭、深邃幽奇尽在其中。

（三）做假成真

计成在《园冶》中说："有真为假。做假成真，稍动天机，全叨人力"。江苏文人山水园的成功，与拥有大量的文人、画家和技艺卓绝的工匠分不开。如寄畅园的假山出自张涟和其侄张鉽之手；拙政园得文征明等画家参与；个园黄石山传出自石涛之手；环秀山庄为著名叠山大师戈裕良的杰作；笪重光、恽南田、王石谷都为近园出过力；瘦西湖可称得上清代大江南北造园家的集体创作；影园则是计成本人设计与施工。这样就保证了山水艺术造型的生动效果，不致违背大自然的逻辑，重现了大自然的精华。在掇山方面注重到"累石为山，一石有一石之经络，虽千万石而亦合成一格焉"。"高者、下者、大者，盘啐相背，颠顶朝揖，其体浑然相应"。叠山要"依皱合掇"，使"山有脉络"，毫无人工雕琢痕迹。

就一座山而言，除山头、山腰、山麓的变化，还特别注意到山脚部分，古人强调"山看脚"，若要"山巍"则需"脚远"，掇山注意把握住山高与山脚、进深的比例关系。正如计成所说："有高有凹，有曲有深，有峻而悬，有平而坦，自成天然之趣"，"未山先麓，自然地势之嶙赠"。

江南文人园林中的水，像明代画家兼造园家文震亨在《长物志》中所述："一勺则江湖万里"。宋郭熙《林泉高致集》所说："水活物也。其形欲深静、欲柔滑、欲汪洋、欲回环、欲肥腻……"。江苏文人园林中的水，做到：（1）成功地塑造水面的开合收放。断续隐现的水体，江、湖、泽、涧、溪、瀑、泉因景而成，又总的要联络成"潆洄"之势。水面的长与宽，水面与周围景物高程等比例关系恰当而产生出"小中见大"的多方胜景。（2）"山有脉，水有源"。园林中这种景观，可以是天然形成的，因自然而改造的，也可以是人工的，贵在"成真"。常用的水法是藏源一隅，形成多构成水口、水岫，有层次地展露出水面，由隐至显，寓种种感觉于水体的变换之中，产生出丰富的变化和情趣。瘦西湖水源是自然山洪但经人工提高成三层叠落，加深了景意；寄畅园引水成泉潭；瞻园悬瀑为人工之水，而潜流系自然的；环秀山庄则巧妙地接屋檐下注之水成"坐雨观瀑"之景，各具特色。

（此文登载于：江苏省志《风景园林志》）

借长洲镂奇园
——影园复建设计识语

十多年前,笔者曾经写过《计成与影园兴造》一文,意在通过对历史文献的研究整理,文物的收集和发掘,现状的剖析及应时风格的研究,准确考证出:影园营造为计成手笔;影园的具体位置在扬州城南小屿上;并提出影园复原的可行性,让这块埋藏在地下的"璞玉"尽早重现天日;同时,也是进一步让人们理解《园冶》著者计成的造园理论及其与造园实践之间的关系,从而指导现今的造园。

2000年江苏省建委偕同扬州市园林局申报并获批准《恢复性重建影园》科研项目计划。并成立以园林大师朱有玠先生为组长,潘谷西(教授)、孟兆祯(工程院院士)为副组长的国家级专家组。在研究、制定复建影园的大纲的同时,众望所托笔者执笔编制规划设计方案。历时一年,2000年12月由江苏省建委主持,扬州市政府及相关的园林局、规划局、文管会、文物考古所以及国家级专家共计三十余名论证:"一致认为这是一个高水平的总体规划"。《"影园"总体规划方案专家论证会评审意见》评委认为:"影园总体规划方案是依据考古发掘资料、文献材料,并融入造园哲师计成《园冶》专著的理法、董其昌山水画意、扬州园林风格。故依据详实,定性、定位准确,思路清晰。化文字资料为具象的总平面设计,基本上将历史文献对影园的描写具体地表述出来。""总体规划的进一步完善,应提高到国家水平的学术研究的高度来完成"。笔者依据专家重托,完善成果,规划设计成果包括:图纸、文字、模型三部分。

影园是计成的手笔,可以说是"举世无双的园林杰作,中外罕见的艺术珍品"。影园的复建对于全面研究、继承和发展以计成《园冶》为代表的中国传统造园理论和实践活动有着重大而深远的意义。复建后的影园可作为园林界、建筑界等研究这位"造园巨匠"学术活动的场所,以利于进一步发掘其造园艺术的财富,从而指导当今造园活动。为此,特将复建规划设计成果发表,欢迎各界人士赐教。

一、影园复建规划设计

笔者将从总体布局、山水关系、建筑和植物四个方面来谈影园复建的规划设计。

(一)总体布局

关于影园原有的概貌,茅元仪有评价:"于尺幅之间,变化错综,出人意外,疑鬼疑神,如幻如蜃……",是"内含深远意境,外具自然风韵,情景交融、绘声绘色的形象化的诗篇和立体画卷。"(注1)影园造园的目的就是于山影、水影、柳影之间"是足娱慰",(注2)塑造山水环境的艺术空间,使园主人"得闲即诣,随与携游。"(注3)

从文献资料来看,影园面积不足十亩(不包括其菜园和花圃部分),在江南属中小型规模的宅园。其布局特点大致可归纳为以下几点:

(1)"虽由人作,宛自天开"

影园是以水为中心,山为衬托的大山水环抱中的园林境地。隔水:南借江南连绵的宁镇山脉,北眺"苍莽浑朴,欲露英雄本色"(注4)的蜀冈,东隔内城河和南门城墙,西面"柳外长河,河对岸,亦高柳,阎氏园、冯氏园、员氏园皆在目,园虽颓而茂,竹木若为吾有。"(见扬州城厢图)达到了极目所至,佳景"靡不物私其所有"。通过借景突破自身在空间上的局限,延伸自己视野的深度和广度,使人作的园林与天开的山水巧妙融合,天开的山水是骨架,而精神则在园子。正如计成所说:"借者:园虽别内外,得景则无拘远近,晴峦丛秀,绀宇凌空;极目所至,俗则屏之,嘉则收之,不分町畽,尽为烟景，斯所谓'巧而得体'者也"。好的布局来源于对园林整体空间的各种体形环境的丰富想像和高度概括，可谓"景以境生"，园林意味深求。

(2)"多方景胜，咫尺山林"

被内、外城河环抱，影园在湖中的岛上，形成了"湖中有岛"的格局，而岛中内湖上的玉勾草堂，又是"湖中有岛"的设置，这样从总体上就形成了"湖中有湖"、"岛中有岛"步步深入层层叠叠的空间布局，格外显得深邃、含蓄。

(3)"略成小筑、足征大观"

全园建筑量较少，为使建筑融入大自然之中，故采用散点式布置，建筑因景而生，体现了一种疏朗、质朴的自然情调。

(4)"涉门成趣，得景随形"

依自然之势，巧妙安排观景路线，并有节奏地串联起园中大小空间，于曲折变化之中求得空间上的深度、广度，极大地增加了园子本身的层次，凡人之所处，目之所及，皆能感受到诗情画意。

(二)山水布局

位于苏北平原扬州的影园，要塑造出山环水抱的景观确实不易。记载中的影园是一幅"列千寻之丛翠"、"浚一派之长源"的山水构图主题画，山与水创造了声色俱全的园林景观，令人玩味。笔者在吃透计成《园冶》的造园理论的前提下，在研究有关影园史料的基础上，再现出影园山水，其中妙处主要有如下几点：

1. 山景

(1)借山 影园北面隔水是蜿蜒起伏，尽作山势的蜀冈。登读书楼则蜀冈、迷楼皆在项臂；南面江南诸山，青山隐隐，若可攀跻，正可谓"晓起凭栏，六代青山都到眼；晚来把酒，二分明月正当头。"(注5)这也正是计成在《园冶·园说》中强调的"远峰偏宜借景，秀色堪餐"，"山楼凭远，纵目皆然"，充分体现出园林虽有内外之别，但得景则并无远近的限制。晴山耸立的江南秀色，古寺凌空的平山胜景，此时皆化为己有了。

(2)掇山 影园"入门山径数折，松杉密布，间以梅杏梨栗，山穷……"又在一字斋"隔垣见石壁二松，亭亭天半。"(注2)在媚幽阁"一面石壁，壁立作千仞势，顶植剔牙松二……"、"涧旁皆在石如斗，石隙俱五色梅。"(注2)以上两段记载是园内大的地形起伏，也就是人工的堆山，园子的东南部是土山，松杉成林，北部是石包土山，以陡壁处理。为什么要在东南边与北边堆山呢？从影园位置图来看，这两边远处都有山体，园内的掇山可以视为园外山体向园内的延伸，是主山的余脉在平地又起，中间以丛林相连，这样使园内的掇山与天然山势气韵相连，似与真山一脉相承，在这样大的自然空间内，园内的山让人感受到一种强烈的气势，这种自然主义与浪漫主义相结合的造景手法，可称得上是"形神兼备"。江南淡淡的云山，园内以平岗小坂、漠漠平林陪衬，显得远山更为平远，从而构成一幅山水的长卷；北面较近的蜀冈，园内以色泽苍古的千仞峭壁和虬曲古松相呼应，尽显山势宏大高远，又恰似一幅山水立轴。

影园内的掇山，即"以真山为依据。又融合在真山之中"，(注6)这也正是学习运用计无否"有真为假"、"做假成真"理论的实例。

(3)置石 园内掇山是改造地形的大的动作，而园内采用野趣盎然的置石，增加了内部小空间的起伏变化。计成在掇山篇中详细地总结出园内不同环境地点的掇山叠石手法，如"凡掇小山，或依嘉树卉木，聚散而理。或悬岩峻壁，各有别致，书房中最宜者"。又如"以予见：或有嘉树，稍点玲珑石块；不然，墙中嵌理壁崖，或顶植卉木垂萝，似有深境也"。仅从史料记载就可以看到，影园在书房的位置"庭前选石之透漏秀者，高下散布，不落常格，而有画理。室隅作两岩，岩上多植桂，缭枝连卷，溪谷崭岩，似小山招隐处。岩下牡丹……备四时之色。而以一大石作屏。石下古桧一，偃蹇盘壁"，(注2)如此详尽的描绘亦为复建设计提供了详尽的资料。计成还提倡池山，"池上理山，园中第一胜也。若大若小，更有妙境。就水点其步石"，"穿岩径水；峰峦缥缈，漏月招云；莫言世上无仙，斯佳世之瀛壶也。"（注3）影园中也布置有池山，史料中也记载有："影园池中多石磴"，"大者容十余人，小者四五人，人呼为小千人"。（注2）复建中影园中的石壁是采用计成所总结的"理者相石皴皱纹，仿古人笔意。植黄山松柏、古梅……"的手法，而园中的围墙则是"砭以乱石，石取色、斑似虎皮者"，（注2）也是计成认为的"聚石叠围墙，居山可拟"。（注3）总之，只要胸有丘壑并多方的细致营造，就能"得自然之理，呈自然之趣"。（注7）

总之，影园掇山是着力于追求宛若天成的效果，即所谓"山林意味深求"，所以只有"有真为假，做假成真"，才能"深意画图、余情丘壑"。（注3）

2. 水景

"山要环抱，水要萦回"，水体处理贵在萦回，只要水体萦回了，就会产生"脉流贯通，全园生动"的效果。影园是东、南、西三面环水长屿，环绕的水系把园地包围起来，园界自然也就形成了。而内外城河北通瘦西湖并直达蜀冈，南流入古运河，这就形成了水在园外围的第一层大的萦回。《影园自记》中有载："通古邗沟，隋堤、平山、迷楼、梅花岭、茱萸湾皆无阻……盖从此逮彼，连绵不绝也"。简练、苍劲、自然的笔触，描绘出的是"山高水长"的意境，视觉空间与联想境界都无限地扩展开去了。

影园内"四方池，池外堤，堤高柳"，（注2）借助堤上高大柳树分割使岛内视线范围起来，并与外部广阔的湖面产生隔离，从而得到一片如镜的内湖风景。茅元仪《影园记》中载："水一方，四面池，池尽荷。远翠交目。近卉繁殖，似远而近，似乱而整……"，这就是"岛中有湖"；当通过小石桥看到中央是玉勾草堂小岛，则又成了"湖中有岛"。层层叠叠，空间也随之逐步展开。当进入"淡烟疏雨"，穿曲廊登上读书楼，周围景色尽收眼底，显得空间格外广阔，气势宏大。然步履园内，见珍奇花木、亭台楼阁、假山水池的曲折起伏变化无穷，与简单的外部构图产生了强烈的对比，更觉园中深邃含蓄的美。

以上是通过岛、堤、桥、岸的分割处理，从大处着眼，使水体产生趣味不同、余意不尽的感觉。园内长形水池的经营亦得章法。整个水面以聚为主，聚中有分。特别是在池面的中间部位，曲桥东部的石磴与一字斋西南的土山相应地向池中伸展，收缩成夹峰之势，使水面像个葫芦，在此之北，又以"荣窗"和亭桥"湄荣"再一次收缩水面，空间划分为"展－缩－展－缩－展"的三个大层次，成了南北之间夹景式构图。"似隔非隔，水意连绵，反而显出水面的弥漫，深远"。（注6）茅元仪评价："水狭而若有万顷之势矣。"水面上散点的水景山石"石磴"，既丰富了水景，也增加天然山水朴质的野趣。

影园中的水体处理还注意了深邃幽奇、变化莫测意境的塑造。媚幽阁三面临水，一面石壁，"壁下石涧，涧引池水入，畦畦有声，涧旁皆大石，怒立如斗……至水面穷不穷也"。得"巨石峡细流潺缓如琴之韵，因有是名。其间奇石嶙峋，古木荟蔚，有天然林泉之致。"（注8）入影园大门后，开门见山，山径数折。"右小涧。隔涧疏竹百十竿。"往前走是"窄径隔垣，梅枝横出，不知何处，水来柳近，疑若已穷，而小径忽横，若华上下者，其折入草堂之路也。有水一方，四面荷……"（注4）真可谓"山穷水尽疑无路，柳暗花明又一村"了，这均是计成所说的："门引春流到泽"，"看竹溪湾，观鱼濠上"，水贵在源泉，故应"疏源之去由，察水之来历"。由于得力于溪口、河湾、石岩之巧于安排，以假乱真，层层相属，使园内水体又组成若干小的萦回，体现出"来去无踪，弥漫无尽"的妙境。

影园十分注意与园内地形起伏塑造幽朴的涧溪,在"媚幽阁"的石壁下的涧流,利用水面高差,形成淙淙有声流水,使水有漫延流动的神态,产生"从中一股清泉出,不识源头何处来"的诗意,即"水不在多,水流则灵"。在园东南部分溪的处理,是自然界山水的缩影。"溪水因山成曲折,山蹊随地作低平",这样水就仿佛是劈山凿岩造成的湍流、曲涧等多种水景,寓意"水的源"也,使全园山水景观符合天然山水的规模。

影园水景设计的成功是与山的紧密结合分不开的,"水随山转、山因水活"。园中湖面收入柳影、山影、山林之影倒入池中,愈增深邃、含蓄之感,令人心怡。

3. 建筑

影园内建筑布置以点式建筑为主,数量不多,给人感觉朴实无华,疏朗淡泊之感。园内建筑多"因景而生",如取李太白"浩然媚幽独"诗句的媚幽阁等。茅元仪说:"水狭而若有万顷之势矣,媚幽所以自托也。"媚幽阁是藉景而成的,使人们见景生情,意味无穷。

园林建筑毕竟不同于一般性的建筑物,除了满足居住、休息或娱乐等实际需求外,往往是园景的构图中心,即"按时景为精"。计成意中园林建筑的布置,应能"隐现无穷之态;招摇不尽之春;槛外行云;镜中流水;洗山色不去;送鹤声之自来;境仿瀛壶,天然图画。"影园内"当正向阳之屋"的"玉勾草堂",是全园的活动中心,与媚幽阁"彼此相望。可呼与语,第不知径从何达?"(注2)在近水远山之中,远翠交目,近水繁花,与周围的景色合成一体。园内东北面的一字斋,西面隔曲桥为读书楼一组,其间以花木、蹊径和小桥串联,又形成多种景观。

计成在《园冶·立基》中说:"房廊蜒蜿、楼阁崔巍。动'江流天地外'之情,合'山色有无中'之句。适与平芜眺望,壮观乔岳瞻遥;高阜可培,低方宜挖"。影园中"淡烟疏雨"一组恰正是如此由廊、室、楼构成的一组院落,藏书室在下,而读书楼峙于上,"能远望江南峰,收远近树色",真可谓是"清风明月本无价,近水远山皆有情"。(注9)"花间隐榭,水际安亭,斯园林而得致者"。影园内设有淳翠亭,园主人曾说:"盛暑卧亭内,凉风四至,月出柳梢,如濯凉壶中。薄暮望岗上落照,红沉沉入录。……"(注2)可知此亭安排得妙趣横生。在桥亭的东面临流还置有一小阁,名曰"半浮",好似漂在水面上,旁有供水上游玩的小舟"泳庵",此处"专以候鹏",令人即兴能吟诵古诗"两个黄鹂鸣翠柳……"。

根据史料记载,将园内诸个建筑进行复原设计,并安排在特定的位置上,可见影园内的建筑是有主次之分的,主景是玉勾草堂,其他建筑尽管散漫,但总给人有秩序有条理的感受。同时,在秩序之中也不乏活泼、多变的布置,林林总总皆是"藉景而成"矣。

4. 植物

植物是构成园林的重要因素,也是组成园景的重要素材。园林中的树木花草不仅是为了使山水"得草木而华",或是为陪衬园林建筑而点缀其间,其本身也常组成群体成为园林中的景。影园进门后,山径几曲,松杉密布高下,垂荫间以梅、杏、梨、栗,隔涧溪土丘陵丛竹一片,观赏植物使园内东南面土丘上形成了古木交柯。雄健挺拔的气势,浓荫如盖,更增添了山林的浑厚苍劲和园内深邃幽奇的情趣。园内西部堤畔水际遍植垂柳,间种桃李,柳枝柔丝。洒落有致,有"轻盈袅袅占年华,舞榭妆楼处处遮"的韵味,一派垂柳依依,柔丛千缕的含蓄媚态。这些植丛除了自身的景观外,还与园外景色联系起来,"造成园外有园,山外有山,树外有树的自然气氛"。(注6)从园林艺术特色的整体感来说,有着极为关键的作用。

笔者的老师汪菊渊教授早有论述:"各种植物均有一种性格或个性,也就是所谓'自然的人格化',然后藉着这种艺术的认识,以植物为题材,创作艺术的形象来表现所要求的主题。这是我国园林艺术上处理植物题材的优秀传统,是客观通过主观的作用"。(注10)影园建造的时代和园主人的封建士大夫的社会地位决定了他们"幽雅、冷洁、宁静"的基调。今影园得以复建,基本是遵照史料,如树种选择就少不了清标韵高的梅花;节格刚直的竹子;幽谷品逸的兰花;操介清逸的菊花。腊梅之标清,杏花之繁灼,桃花之妖冶,木犀之香胜,紫荆荣而入,芙蓉丽而升,以及梨之韵,李子洁等等。此外种植这类植物,也有因物取祥的原因存在,如紫薇象征高官;萱草忘忧;紫荆和睦;石榴多子、多孙;玉兰、海棠、牡丹、桂花齐栽,象征玉堂富贵等等。通过植物配景,也更进一步了解了计成的种植艺术。影园主人曾对计成的花木点缀赏识至极,说"一花、一竹、一石,皆适其宜,审度再三,不宜,虽美必弃"。从记载来看,的确很有章法,"俨然画幅也"。在具体做法方面是沿堤垂柳,夹岸桃李;千百本芙蓉坐趾水际,池内尽荷;高梧流露,荫以梨栗;历年久苔之华。梅枝横出,壁立千仞,苍松挺立;窗外置石,芭蕉荫翳,修篁弄影;岩上植桂,岩下奇卉,阶下石榴,台上牡丹。可谓高低参差,天然成趣。

此外,设计中还注意到植物群体布置不但要疏密有致,偃仰适宜,更重要是"顾盼生情"。《影园记》中载:"……夹其傍,如金谷合乐;玉兰、海棠、绯白桃护于石,如美人居闲房;良姜、洛阳、虞美人、曰兰、曰蕙,俱如媵婢盘旋,呼应恐不及"。生动活泼的艺术形象能引起人们的情感和想像,一字斋北的墙面开圆形洞窗,框入桂花的景色,构思不凡。"……留一小窦,窦中见丹桂,如在月轮中",激起观赏对吴刚、嫦娥奔月这一民间传说的美好遐想,景意无限开阔。园内的种植,还考虑安排禽鸟的栖息场所,园西南面均柳,"鹂性近柳,柳多而鹂喜,歌声不绝,故听鹂者,往焉。"并且筑半浮阁,"传以候鹂"听其鸣唱。为增加园内自然之趣,在菰芦中水际,佳苇生之,"芦花白如雪,雁

鹜家焉,书去夜来,伴予读。"这又形成无数的画幅,咏不尽的诗篇。

影园绚丽多姿的花木使硬直静止的山石、屋宇变得生动活泼,树木花草的容貌、色彩、芬香又对园内季相变化起到重要的标志作用,显示出春、夏、秋、冬的基调。大量的观赏植物在烘托、渲染、陪衬影园景观的气氛上起到了决定性作用。

二、影园复建的启示

影园的复建是令人振奋的事。对于这样一个计成《园冶》理论的实践作品,同时又是集大成的江南山水园,笔者在复建时得到了很多启示,特别有以下三点值得我们今天借鉴。

1. 巧于因借

"因"是处理地形条件为主的技法原则。影园地处苏北平原,又是三面环水的地形,所以要在山水景上下功夫。从大的方面看是园子南部大的湖面和北面带状萦回的水体产生强烈对比,各尽其趣;而南面大的湖面又通过山丘和亭桥的两次收缩,产生了"放—收—放—收—放"的空间变化。所谓"一勺则江湖万里"。

"借"是处理环境条件的空间透视构图原则。影园成功地借北面的蜀冈和南面的青山为自己环境的构图,这是空间的构图,也是游人视野的境域,借山影、水影、柳影成园,从而突破了园林本身的范围和限制,达到"虽由人作,宛自天开"的艺术效果。

2. 以简寓繁,以少总多

造园前辈朱有玠先生曾比喻说:"江南山水园很像绘画中的白描,只有抛开彩色、皴擦和渲染,才能达到'墨寓五色、笔几刚柔',朴素蕴藉,淡雅耐看的效果。"也就是绘画中常说的"惜墨如金"。影园正是以简练的布局,疏朗的建筑点缀,古树、土丘、水面、堤、岛的自然过渡,在山水境地里"略成小筑"而"足征大观"。借用清代沈复的

话来看影园，即："大中见小，小中见大；虚中有实，实中有虚；或藏或露，或浅或深"。（注11）这也就是美学上所说的"绚烂之极归于平淡"。

3. 情景相融，意趣耐寻

影园设计中的意境安排是出类拔萃的，给人一种意远情深，品味不尽的艺术享受。朱有玠先生对于意境的创作有过总结，他说："江南山水园林在设计过程中，形象思维的核心是意境。"又说："意境可以说是通过艺术形象而深化了的思想感情，同时意境又是运用形象以直抒情意的表现方式。"（注12）影园的复建设计是"意在笔先"，以诗情画意写影园，志在画中游。意境确定后以泉石为皴擦，以花草为点染，随着游程的空间流动和季相、晨昏、气候的变化，呈现出静态和动态的综合效果，完全是一幅鲜活的立体画卷。而此时人们的"胸中之竹，已不是眼中之竹"，胸中之景已不是眼中之景，山水的的艺术形象变成了深化的思想情感，正像王国维在《人间词话》中说的："词家多以景寓情，……一切景语多情语。"影园的复建设计"首先是创造自然美和生活美的'生境'，然后进一步上升到艺术美的'画境'，进而升华到美的'意境'，最终达到三者互相渗透、情景交融的高潮。"（注13）

结束语

《园冶》是计成毕生造园理论和实践的总结，是"文说"造园；而影园的复建则是"图说"造园，是对《园冶》的图解。

由于《园冶》的刊行在影园筑成之后，故影园乃计成《园冶》的实景蓝本。在影园的复建设计工作中，《园冶》一书的理论从渺茫到逐渐清晰再到最终从图纸上再现，笔者领悟到：影园的复建也就是计成《园冶》的实景再现。

影园复建是园林界的大事，也是众望所归之举。

鞠躬致谢

在影园复建规划设计的过程中，吾师孟兆桢院士不辞辛劳关注着复建设计的学术水准，亲自画图致信于笔者，对地形、景点等提出指导。并亲自操刀督导影园实景模型制作，学生感激不尽，在此只有鞠躬，以表谢意。（附上孟院士的亲笔书信和图纸，以飨读者。）

注释：

(1) 孟兆桢 《园林艺术》
(2) 郑元勋(明) 《影园瑶华集》
(3) 计成 《园冶》
(4) 茅元仪(明) 《影园记》
(5) 欧阳修(宋) 平山堂对联
(6) 冯钟平 《谐趣园与寄畅园》
(7) 曹雪芹 《红楼梦》
(8) 吴质生 《万寿山名胜实录》
(9) 欧阳修(宋) 苏州沧浪亭对联
(10) 汪菊渊 《中国古代园林史纲要》
(11) 沈复(清) 《浮生六记》
(12) 朱有玠 《中国民族形式园林创作方法的研究(之一)》
(13) 孙晓祥 《文人写意山水派园林的艺术境界》

影园复建构想示意

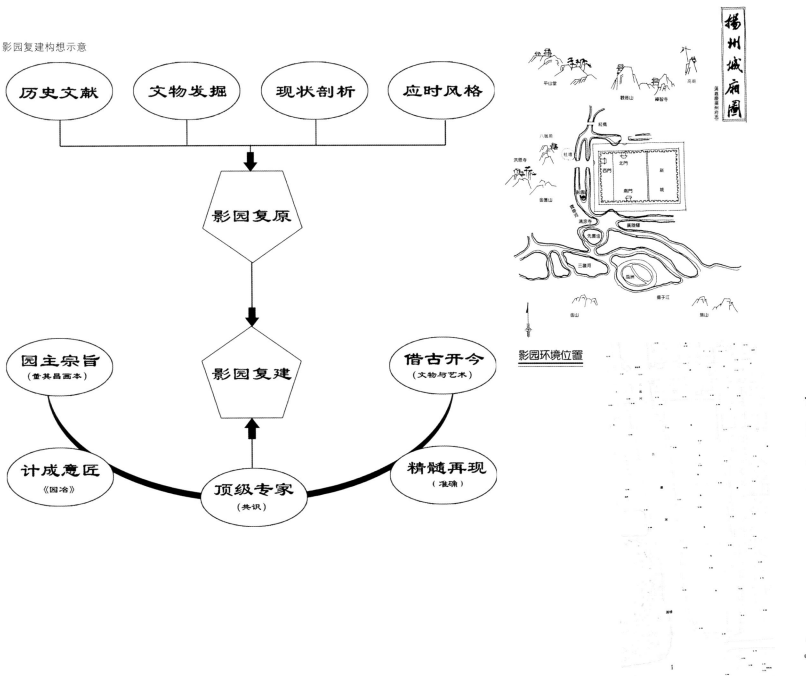

扬州城府图
影园环境位置
影园遗址·现状地形

借长洲镂奇园——影园复建设计识语

辜刻：

　　　　设计很成功，画得也好。
仅作小修改供你主笔参改。

1. 体现"窄径隔垣桃枝横出不知何处水东柳无数若已穷而小桥忽横首华以下有其折入草堂之路也"。这一"起"的草情是先垂石露，欲扬先柳，主要以土山和窄径迎合进门入谷，起置宛转，以苍莽林烘托小桥、窄径。

2. "有水一方四面地"。要隔湖四面而不偏隔方"大方无隅"：大方是道无敌方境界。草堂离水面不宜过小，山水面向水源方向展示深远以体现"远草文目"。

3. "世外境、堤上柳"一定要体现，这是复层水面增加层次的作法，但影响客于东西为3巧借园之地宜，只须将浣烟珠而中庭改为水院，东面即堤。院中仍有陆地植树置石，发挥水院效影的特色。到处皆题。

4. 水面线景修改，仪象效反差大，被合曲折有致之状。山形增动势，一脉相承，浅连阜原筑山跨影溪而成水洞名"瑞影洞"，土山杜林白……构成"远草文目"

5. 蜀岗已不可借利用山势现垃圾山改为"小蜀岗"杜林视好

孟兆桢 苏.11.2.

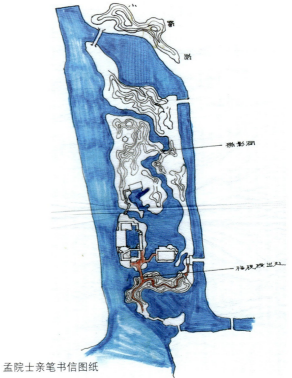

孟院士亲笔书信图纸

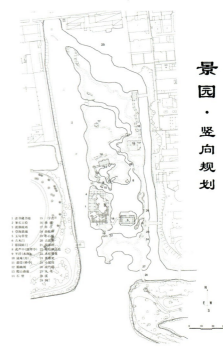

景园·竖向规划

（此图是参考孟院士的图纸设计）

总体鸟瞰图

读书藏书处 泳庵（舟） 湄荣（亭桥）

淡烟疏雨

影园·总平面图

1 读书藏书处
2 峰石古松
3 淡烟疏雨
4 登阁曲廊
5 玉勾草堂
6 古木门
7 影园前门
8 葫芦中(漷翠亭)
9 半浮(水阁)
10 沐庵(舟)
11 湄棠(桥亭)
12 媚曲园
13 爬山曲廊
14 石嶂
15 一字斋
16 曲廊
17 草亭
18 曲板桥
19 小石桥
20 摄影洞
21 梅枝横出处
22 木桡短篱
23 茶蘼架
24 小蜀冈
25 疏竹林
26 丛筀
27 溪
28 洞

葫芦中 漷翠亭

玉勾草堂

影园·总平面图（俯视）

1 读书藏书处　15 一字斋
2 峯石古松　　16 曲廊
3 淡烟疏雨　　17 草亭
4 登陟曲廊　　18 曲板桥
5 玉勾草堂　　19 小石桥
6 古木门　　　20 摘影洞
7 影园角门　　21 梅枝横出处
8 葫芦中(漾翠亭) 22 木栊矮篱
9 羊浮(水阁)　23 茶蘼架
10 沐庵(舟)　 24 小蜀冈
11 湄楼(桥亭)　25 疏竹林
12 媚幽阁　　　26 丛筆
13 爬山曲廊　　27 溪
14 石壁　　　　28 洞

复建模型（一）

复建模型（二）

复建模型（三）
（瞿志老师参加模型制作）

借长洲镂奇园——影园复建设计识语

绚烂之极 归于平淡
——当代第宅园林精品"在园"初探

缘 起

笔者从事古典园林的研究与营造工作已有三十余载。早在十年前与老一辈泰斗级学者朱有玠、潘谷西完成《江苏省风景园林志》之"造园精艺"章节（江南古典园林："立意布局"和"掇山理水"两部分由笔者完成）后，二位老者提出令人思考的问题：当代为什么没有出现第宅园林的精品？

恰应邀以国家级园林专家身份参加开平市园林城市审批会期间，作为会议内容之一即是参观"在园"。参观过后，深感"在园"基本达到当今第宅园林精品的要求。作为学者的责任，再次带学子专程赴现场进行实地调研，拟出专论，并建议政府动员园主将"在园"对外开放，作为：

1."在园"风景园林的实习基地。
2."在园"艺术创作的基地。

选 址

江南园林的选址多为城市地。《园冶》中说，"市井不可园也；如园之，必向幽偏可筑，邻虽近俗，门掩无哗"。即是说：城市不适宜造园。假如要造园，必须选择幽静而偏僻的地方。园虽临近尘俗，但关起门即可以隔绝喧哗。江南宅园多居城镇、坊里之间，这就必然导致：高墙深院、地形局促而缺乏变化。不过这也就使得江南的文人园林走向高度概括的艺术境界。"虽由人作，宛自天开"也就成了造园者不懈追求的最高目标。

"在园"独特的地理位置和环境大大优越于江南众多园林。"在园"地处开平市郊，离市区不过十几分钟的车程，地偏而幽静，隔绝了尘俗的喧哗。立足位于"谷口"的园子，视野开阔。它背枕海拔380公尺为群山所倚的梁金山，东西环抱着高约40余米双峰，岭顶林木参差，青翠欲滴。山谷中溪流众多，谷底的泉水终岁不息。真正是：山有宾主朝揖之势，水有迂回萦带之情，一派峰回路转，水流花开的自然风光。《园冶》中说："园地惟山林最胜，有高有凹，有曲有深，有峻而悬，有平有坦，自成天然之趣，不烦人事之工"。"在园"的选址具备了最优越的自然条件，故园内的建筑均融入真山真水，较之江南第宅园林中的人造山水，存在着本质不同。

造园目的

江南园林是一种精神文化的结晶。计成说"三分匠，七分主人"，"第园筑之主，犹需什九，而用匠什一"。这也就是说，造园的思想，必须符合造园者的理想，园中无论是林泉丘壑，还是澹泊湖山；岗岩曲径或水榭风荷；亭台楼阁或寸木寸草，无不是按照园主人的思想而创作。江南园林虽以"造化为师"，或模拟山水画，或借鉴田园诗，而在造园的过程中，则是更加集中、概括，更富于理想化，更有情趣，并寓有一定的思想感情，倾诉一种理想，表达一种意愿。这也就是我们常说的"寄情山水"，创造出一种理想化的意趣盎然的"意境"。

江南园林重意境。这是因为园林的拥有者多为达官显贵、士大夫之流，他们要从官场的沉浮中解脱出来，遁世隐居，逃名丘壑，以示高雅。这种"隐逸"是一种政治性的退避，是无可奈何的选择，是不得已而为之。然而有朝一日"出世"依旧是他们心中的梦想。自古以来，这种"隐逸"一直是矛盾的，痛苦的和挣扎的。只有陶潜，真正做到了退避，宁愿归耕田园，蔑视功名利禄。"凝固穷以济意，不委曲而累己"。不是追求外在的荣华富贵，功名利禄，而是讲求内在的人格和不委曲以累己的生活。"暖暖远人村，依依虚烟里，狗吠深巷中，鸡鸣桑树颠。户庭无尘杂，虚实有余闲，久在樊笼里，复得归自然"。诗中所表达的就是人生的真谛。难怪苏轼极力推崇陶潜，视陶诗为艺术之极峰。

去过"在园"的人也许已经能感受到陶潜诗里的境界。豆棚瓜架，菜圃蔬畦，狗吠深巷，鸡鸣田间，远处虚烟袅袅，一幅世外桃源的图画。在这里，你找到的是简单的快乐，你发现的是原来的你，是真实的你。无论是历经人世的沧桑或是政治的忧伤，都会在面对着的质朴的农居生活中得到安慰。"三分匠，七分主人"，"在园"的一切已表露了主人的心思。

"在园"是以人为本的。舒适的乡村民居建筑朴实无华，与地形地貌有机结合，顺理成章。于园中，无论游览赏景，遮荫避雨，坐卧休憩处处皆井然有序，细节处精心安排更体现出主人的细致和对生活的热爱。

"在园"是人与自然友好和睦，相互依存的典范。其造园是顺应自然，利用自然，美化自然，把自然作为自己安居乐业，休养生息的环境。同时把自然景物作为欣赏，欢娱的对象。人投身于大自然之中，并与之合为一体，从而最终达到"天人合一"。这也就是我们常说的人的自然化，是"人化"，"社会化"的人的心理、精神返回到自然中去，从而达到一种真正自由的享受。其实，一代代人一直在追求的不就是这种从精神的樊笼里返回自然的解脱吗？

"在园"和历代的私家园林相比成功之处就在于它造园目的的朴实性，从而更使它接近人与天调，天人共容的理想境界。

造园结果

不同的造园目的必然带来不同的造园结果。

造园的思想要符合拥有者的园林观。不同的园林观所表现出来的"意境"是不同的。而这抽象的"意境"又从众多具体的方面表露出来。

园林建筑一般包含赏玩使用与提供审美享受的双重内容。园内建筑形式往往采用民居风格，但又经过艺术的加工、概括和整理，从而在体形上更为丰富，空间上更富于变化，装饰上更有文化的品味和情调。从历代的江南园林建筑来看，明代注重竹篱茅舍澹泊闲逸的情调，而清代则注重富丽的装修和豪华典雅的享受。"在园"作为现今的私家园林，基本继承了明代园林澹泊宁静，闲逸雅致的情调。主体建筑外装修简洁明了，轮廓线错落有致，随着一天中光影的变化，呈现出极富诗意的节奏感和韵律感。辅助建筑多以土瓦、石片、葵叶为主要构件，极富自然之野趣，同时也使其悄无声息地融进了自然。然而，"在园"毕竟是现今的第宅园林，满足现代人高品位的生活要求和质量依然是关键所在。所以我们从明亮的天光画室，简洁宽敞的客厅，幽静雅致的琴房，典雅古朴的藏书阁……都可以感受到现代生活的舒适和惬意。"在园"的生活是既可享受现代的文明，又兼得山水自然之乐趣的实实在在的生活。正如明人王世贞所说"山居之迹于寂也，市居之迹于喧也，惟园居在季孟间耳。"

造园者的思想往往决定了园林的艺术形象和内部的景观构成。"在园"寄托的是主人童年的旧梦，是对恬静闲适的田园生活的回忆。所以草亭，茅舍，水榭，回廊……无不安静地依偎着三面青山，三泓碧水；远处的猪圈里，小猪们争先恐后，嗷嗷待哺；茅舍后小池塘边一群群的麻鸭排着队悠闲地散步；土鸡不时地互相追打嬉戏，享受着宝贵的自由。漫步林间小道，到处是匍匐的野藤和盛开的野花，不时会传来忽断忽续，忽缓忽急，忽高忽低的鸟鸣声，你这时才会真正感受到古人诗中"蝉噪林愈静，鸟鸣山更幽"的意境。这会儿，你只觉得你是多么依恋这山山水水，依恋这身边的一花一木；你会忽然理解了庄周梦蝶的心境，你不就是那枝头的小鸟？原来你也可以拥有如此简单的快乐啊！

"在园"中并无太多名贵花木，可就是这些生意盎然的野花野藤使你倍感亲切、随意和自在。自然式的栽植，精心的护理，使其顺应自然，并结合于自然之中。不留痕迹的人工和自然天成的野趣完美结合，创造出理想的田野风光。"在园"的山之光，水之声，月之色，花之香，呼之欲出。真正是园在山中，山色满园。

结 尾

"在园"是"绚烂之极，归于平淡"的佳作。是高度概括提炼后的简洁。"在园"为什么会有如此境界？归根结底还是与"在园"主人的理想情操有关。

园主人在 20 世纪中叶，踏着前人的足迹步出国门，于陌生的世界中用自己最美好的青春在经济的浪潮中打拼。终于，他成功了，成了幸运的弄潮儿。在国外奋斗的二十多年中，他无法忘记故土的原野，家乡的潭江、沧江。终于，他回来了。在他不惑之年，回到了阔别已久的家乡。他创办实业，捐资助学，建设家乡，他感到前所未有的欣慰和踏实。"在园"是他的梦，也是他真实的生活。

"在园"也是在新的历史时期对中国第宅园林的一种探索。它提供给我们的是一种崭新的思路和发展方向，虽是天开，却有人意。即"集聚天然之趣，少费人事之功"。

当代社会，高速度快节奏的工作和生活方式使得城市人心力憔悴，精神紧张。城市到处是钢筋混凝土的灰色，压抑得无法抬头。更不要奢求看见满眼的绿色，听见清脆的鸟鸣。人的内心是多么渴望回归乡野，渴望青山绿水的滋养和抚慰。其实，儿时的乡野生活，童年的无忧无虑的玩耍又何尝不是众多人心中的梦？现代的人需要园林，目的很简单，就是放松身心，体会拥挤的城市中所没有的湖光山色，鸟语花香。园林中的一草一木，一花一石不再像过去被赋予太多的含义。一切就是它自己本身，一切也只代表它自己的自然属性。现在的人依旧需要"寄情山水"，然而，现在的人寄情山水是出于自身的渴望和需求，是城市紧张生活的需要，没有痛苦，没有矛盾，没有挣扎，没有逃避，简简单单，实实在在。人们需要的只是让社会化了的人重新回到自然中去。所以，"在园"顺应了时代的需要，满足了社会发展的需求。

"在园"是需要你细细品味的。它貌似平淡，却令你回味无穷。

附园主人吴荣治先生碑记

说"在园"

"在园"始建不久,我写了一封长信给朱帆教授,告以筑园的用意和寄托,请他代撰门联,为此,他来了多次建造中的在园,与我谈了多个晚上,写出了:

> 筑雨榭云亭,寄故国悠思,让旖旎南岭风光,都入我,三面青山,三泓绿水。
> 伴豆棚瓜架,温儿时旧梦,受潇洒东坡笠屐,也哉他,几竿修竹,几树苍松。

"在园"位于广东开平梁金山之阳,土名"李坑",乃一狭长山谷。谷口朝南,左(东)右(西)双峰环抱,高约40余米,每天日照时间九个多小时。后方(北)山深林茂,主峰梁金山海拔380m,为群山之所倚。广袤的山区集雨面上,溪流众多,谷底泉水终岁不息。30年前,村人依谷势而下,筑堤坝三道,储水成三个有跌差的水面。故曰:三面青山,三泓绿水。由于阳光与水分充足,此地翠竹盈岗,苍松遍岭,花草秀美,蝶舞莺鸣,雍容幽雅,仿如绝代佳人。6年前,余第一次踏足此地,即惊为仙境桃源。造园之念,油然而生。

立足"谷口",前方视野空阔,仰见三面山峦环抱,青翠欲滴,岭顶林木参差,勾画出一道起伏有致的天空线,将蓝天、青山、绿水,连成一幅天然的画图。

邀天之幸,赐我如此宝地,如何构建,将之美化,深感任重、惶恐。幸得好友叶子贤建筑师之助,一齐构划,备尝艰苦,六年于兹,才克底定雏型。但整个过程,也令我和子贤兄过足了造园瘾,实平生一大痛快事也。

中国"园林"的精髓在于画意与文心,也是人与大自然高层次的沟通。大自然是至高的艺术,构园要让自然为主角,一切营造,悉以造化为师。我国园林,清季康乾以降,文饰日繁,拘于形式,富贵气太重,渐失古园澹泊明志、宁静致远的风韵。园能质朴、简约反显高雅。中国传统古建筑,不太重视采光与室内室气的流通,不合卫生要求,令人造园宜撷取古今中外良方,借古而不泥古,室内设施及其功能,务求适合现代的生活方式。

建园乃供居停、游玩。自娱同乐,一切应以人为本。园内无生活氛围,则乏生气;无人情味,则欠欢乐。"在园"的工作人员俱为夫妻档,居屋按村屋形式建造,比邻而居,鸡犬相闻。园内洋溢着祥和的生活气息,居之游之,才能感受园林的乐趣。

几年来,建园过程中,得到吴肇钊、陈暧、黄笃维、朱帆、李醒韬、潘鹤等多位专家的指点和协助,使我们得益不浅,深深感谢。"在园"不足之处尚多,还望各方高明,多多指教,使能改进,是所至愿。

(吴荣治)

(此文登载于《广东园林》2004年第1期)

融入真山水中的岭南"在园"

回归自然

飞瀑雀鸣

田园诗韵

绚烂之极　归于平淡——当代第宅园林精品"在园"初探

莺啭幽篁

童年回忆

立意创作

中西极品合璧　永不落幕盛会
——第五届中国（深圳）国际园博会经典设计方案

第五届中国（深圳）国际园林花卉博览会2004年将在深圳举办。此次博览会与前四届的不同之处在于，本次博览会结束后，公园将以永久的形式保留下来，供市民和外地游客游览观赏，有望成为继世界之窗之后深圳的又一大景观。

第五届中国（深圳）国际园林花卉博览会选址在黄牛陇绿化隔离带，地处深圳市高交会馆与华侨城两大组团之间，东连竹子林，西邻警察学校，北靠广深高速公路，南临深南大道，规划总面积为66hm^2。

园博会由建设部和深圳市政府共同举办，规划设计单位为中国对外建设深圳园林设计公司和北京林业大学园林学院。此次园博会的规划主题是"自然·家园——走进新时代"。规划设计方案已五次修改，最近专家们又对方案作出评议，其中有些待选方案仍要由深圳有关领导最后定案。

此届园博会设计了两条轴线，一条是中国园林的精髓——山水，这是表现自然；另一条则是花鸟轴，表现家园，自然与家交融，突出了自然家园的理念。全园将由两大块组成，一块是山，一块是平地，中间用水来沟通。为了考虑参加博览会的参展单位的要求，规划中还给参展的设计者们预留了相关的空间，如峭壁处留给适合作栈道的四川，或做悬空建筑的山西，溪流地带则安排了苏州水乡风格的园林。

园博会的总设计师吴肇钊是中国对外建设深圳园林设计公司总经理，他同时又是深圳大学建筑设计院园林部总工程师，深圳市园林绿化专家组技术顾问，德国1993年国际景园建筑博览会（十年举办一次）大金奖获得者。有幸和这位专家级的设计师见面，并听他讲解了第五届园博会的设计精髓，不仅从园林上，还是文化、历史、艺术、建筑及创新上，我们都受益匪浅。下面摘取此次园博会的几大设计景点与大家共享。

朱雀图腾门

园博会的南门入口处，将会矗立几个很有现代感的门柱，门柱本身的设计是在传统的华表基础风格上的创新，门柱的上方雕刻着代表南门的朱雀。这种设计运用了中国的传统文化，用四方之神来代表四个门。除了朱雀之外，青龙代表东，白虎代表西，玄武代表北。在不同方位的入口处，凭着雕刻在门柱上方的四方之神就可以知道自己所处的位置。这是中国传统文化的现代运用。

春天的故事

此届园博会为体现新时代的深圳特色，设计中南门入园后的内广场按歌曲"春天的故事"演绎而来："1979年，有一位老人在中国的南海画了一个圈……"。因此进门时就是一个由地面砖铺就的圈，走过这个圈后是从国外最新引进的礼炮泉——春雷泉。春雷泉是根据"春雷般的唤醒长城内外"而取名的，随着"春天的故事"的乐曲节奏，喷泉的几十股泉眼喷出礼花状的泉水，并根据曲调变化而高低起伏。水池中设置的石头被塑成炸裂的形状，犹如春雷炸开一般。在春天的故事歌曲结尾："迎来万紫千红的春天"则被花柱演绎得生动异常，这种从德国引进的花柱旋转时其垂下的尼龙丝变成一朵花，而且花柱按音阶的变化高低不齐，随着花柱高矮的不同，其控制花旋转的力度也大小不一，形成视觉上百花齐放的效果。

内广场的西侧设计有一个大湖，代表南海，以呼应歌曲中老人在南海边画了一个圈。它与园内的主干道——春天的道路、新时代广场、未来广场等一气呵成的形成新时代深圳的家园概念，并将城市与自然山水进行了有效的渗透。

鹿腾云蔚石刻

园内的主干道春天的道路旁,设计有一组大型石刻"鹿腾云蔚"。这组石刻是动物、植物、花鸟和人的形象的组合。吴肇钊介绍,为突出石刻的造型,他引用了国外最先进的设计理念,让石刻早上喷雾,白天喷水,晚上喷光,有的还可喷火,以营造出不同时段的迷幻意境。

十二生肖花表柱

春天的道路上还有一组图腾柱,吴肇钊在设计这组图腾柱时将图腾理念引入其中,并将十二生肖雕刻在柱上,生肖形象与历史上诸多名人融为一体,使整个柱子既有时代感又有欣赏性、趣味性,这个设计的另外一个隐喻是,中国有十几亿人,而十二生肖就可以全部代表了,其意蕴深远。

鸟鸣洒翠

园内分布有多个造型不一的鸟屋,这些鸟屋是吴肇钊从20多个国家的鸟屋中收集而来的。鸟屋的理念是吴肇钊从国外引进的"引鸟"的概念。他介绍说,以前人们都是用鸟笼养鸟,但这其实是对鸟的虐待,用鸟屋代替鸟笼,把食物放在鸟屋内,鸟可以随时飞过去吃,吃完了再飞走。这种景观上的处理不仅很时尚,而且造型各一的鸟屋也是一个新的亮点。

山水音

这个设计中的风景小品位于园内一处小山头,既是中国园林精髓——山水的体现,又极富古典韵味、文化内涵。山水音上刻有一首欧阳修给一位道士写的诗:无为道士三尺琴,中有万古无穷音;音如山上泻流水,流之不竭缘源深……

园林花卉展馆

园内西侧展馆区内,设计了几个晶莹剔透的巨大的玻璃花。白天在阳光照射下,会反射出晶亮的光,晚上玻璃花内的灯光开启后,通过玻璃折射出来的光线又让这几朵玻璃花梦幻迷离,别有风味。这几朵巨大的玻璃花其实是花卉展览馆,相当于一个玻璃的大温室,置身其中,既可赏花,也会成为别人眼中的风景。花卉展览馆的另一个方案采用了膜结构,引进了西方教堂的顶光处理,可以营造出一种神秘静谧的氛围。

园林综合展馆

为了体现深圳地方特色,吴肇钊抛开了其他岭南风格的东西,紧紧抓住深圳特有的客家围屋的特色,将综合展馆设计成世界闻名的客家围屋状,并综合地采用了三边形、四边形、五边形、六边形、半圆形和全圆形几种。这组展馆的墙面设有夸张的客家图案,屋顶加玻璃顶采光,屋瓦改用竹瓦,既传统又注入了新的元素,并融合了古老文化与现代创意。综合展馆的另外一个方案是目前国外最时兴的室内室外空间相互交错的新型展馆。这种展馆的设计体现对人性的关怀,在虚实相接之中游走,可以释放人们久处一室之中的压抑感。

艺术展廊

由于园内早前就有两座高层建筑,将园子分割得不完整,为了削弱大厦对环境的影响,于是设计了这一组景观廊。吴肇钊介绍在设计这组艺术展廊时,也引进了一些先进的手法,有廊、有顶光(玻璃顶)还有花架,整个单元层次丰富。为了创新,吴肇钊还将这些单元有序地连接组合,在整体上也构成了一种艺术。

冷　室

此次园博会上,设有一个国内首创的"冷室"。人们对温室见得已经较多了,但深圳是亚热带的南缘,气候比较暖和,寒带的植物如冰山上的雪莲在这里倒很难见到，冷室的设计因此而生。这种冷室的设计也很新颖独到，从外面看有溪流从山上下来，其实溪流的下面就是冷室的玻璃顶，用于冷室的采光。站在室外，看冷室是一个小巧的山水画，进入室内，又仿佛进入流水淙淙的幽境。步履移动之中，已晃过两重幻境。

汇万种春花乘阁主景观

园博会的主景是设计在大岭山上的一个花乘阁——汇万种春花于乘阁。"汇万"就是博览，"总春"隐喻深圳四季有花。吴肇钊介绍说，在园内主峰上建高台明阁，可以起到提升山势、统率全园的作用，既得景又成景。站在阁中，可眺山观海，乘车经过深南大道、广深高速，这又是深圳的标志。花乘阁共设计了4套方案，第一个方案是仿照琼楼玉宇、仙山楼阁的传统做法，并设计有十字脊、转尖，形成一个精致的似神仙居住的建筑；第二个方案是大鹏鸟的方案，喻意又名鹏城的深圳，正在山顶展翅高飞；第三个方案引入了仿生建筑的概念，在山顶设置一个晶体状的建筑，使它远远看去在太阳的照耀下就像一块还未完全开凿出来的钻石；第四个方案则很现代，在山顶上设置4根柱子，外包玻璃，让这些柱子在太阳的照射下远看产生虚无的感觉，4根柱子则支撑起一个圆形的飞碟状建筑，以隐射壮美的园博会引得外星人都忍不住要坐飞碟来观看。这一方案的夜景更漂亮，当灯光照射在玻璃柱上，光的反射会让"飞碟"下面产生出眩目的光圈，远远看去，就会形成动感，仿佛真有天外飞碟在山顶盘旋。

（此文摘录于：香港 《建筑业导报》2002年第8期）

园博会主入口效果图

园博会总体鸟瞰图

鹿腾云蔚石刻，在不同的时间段有不同的效果

山水音体现了中国园林精髓

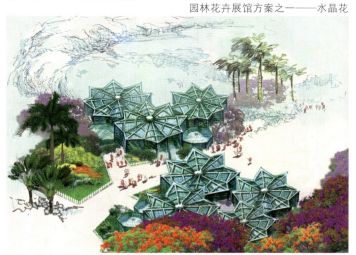

园林花卉展馆方案之一——水晶花

极具深圳特色的园林综合展馆——客家围屋群

中西极品合璧　永不落幕盛会——第五届中国（深圳）国际园博会经典设计方案

岩石花境

园博会内的花卉设置绚丽灿烂

别具一格的冷室设计草图

汇万种春花乘阁的4组方案效果图

园内的儿童游乐设施齐备

第五届中国（深圳）国际园林花卉博览会（公园）总体规划方案专家评审意见

2002年7月19日，在深圳市城管大厦810会议室召开第五届中国（深圳）国际园林花卉博览会（公园）总体规划方案专家评审会议。与会评委对中国对外建设深圳园林设计公司、北京林业大学园林学院提供的总体规划方案进行评审。评审委员会专家有：

评委组长：甘伟林

评委成员：曹南燕、刘秀晨、钟汉谋、梁永基、吴明伟、刘管平、左肖思、蒋虔生、周琳洁、傅克勤。

评审意见如下：

第五届中国（深圳）国际园林花卉博览会（公园）总体规划方案把园博会场馆建设同城市新公园相结合，既解决当前的需要，又适应长期使用，一举两得，是一个好办法。深圳市城管办委托国内有水平的专家作总规方案，结合实际，反复研究，多次修改，使规划成果达到一定深度与广度，这样做法好。

总规方案的规划理念、立意、构思很好，现状地形利用得好，总体布局与景点规划安排合理，是比较成功的。专家的一致认为，规划方案符合委托任务的要求，同意原则上通过，同时，提出以下建议，供进一步修改完善规划方案时参考：

1. 规划依据增加国务院颁发的《城市绿化条例》、《国务院关于加强城市绿化建设的通知》和建设部关于批复深圳市承办第五届园博会展览的函。

2. 充分考虑原有地形条件，利用为主，突出自然景观，减少不必要的工程与人工造景，加强植物造景与自然地形的配合。

3. 山顶不宜搞标志性建筑。

4. 园博会宜加强科技科普的内涵，如中心展馆的设计要突出园林花卉科技内容；各省的展区（园）指导思想要强调师法自然。

5. 对周园存在的不利因素，要考虑有针对性的处理方法，对现有建筑与景物，要俗则屏之，嘉则收之，使园内外相得益彰。

6. 总规内容要考虑游人容量与必备的服务设施。交通组织要合理、顺畅。

7. 专类园区的设置宜紧扣园林花卉博览会的主题，突出应用花木在生态科普、科技示范、美化环境的特色。

2002年7月19日

评委签名：

深圳园博会：永不落幕

第五届中国园博会项目总策划孟兆祯透露设计细节"客家土楼将进园博会"

规划理念是人与天调

园林的艺术是要打动人，花木情缘易动人，花木是有感情的，看了景至少得打动你

记者（以下简称记）：孟老您好，请您介绍一下这一届的园博会有什么特点，好吗？

孟兆祯（以下简称孟）：前四届在全国其他城市办园博会，都是一种临时性的，因此都是找一个公园来布展，因此都是一个缺点。做完就拆也是一个极大的浪费。这次深圳就提出来，要专门做这个公园，博览会就一经开幕，就永不落幕。

记：你是国内最有威望的园林设计学术专家，在构思上，此次你是如何来确立规划理念？

孟：就是人与自然协调，人与自然共同繁荣，说简单了就是人与天调。园林也好，花卉也好，都是人跟自然的关系。通俗一点就是外行看热闹，内行看门道，内外都要经得起推敲。

记：就是说，要艺术性和欣赏性并存？

孟：当然，我们讲，花木情缘易动人，花木是有感情的，有了景，至少得打动人，让你有所动。园林是艺术，所有的艺术都要对人有所触动，这是从外表来看，内在也还要有意境。

记：这方面的工作是从什么时候开始的？

孟：时间很紧，4月份我和吴总开始勘察地形，由土山下跑得很细致，从我们的想法来看，（园址）有优势，也有不足，综合起来看，与设计要求相差的部分，就是我们要做的设计工作。

园博会找到了好地段

在深圳繁荣的中心地段，还能找出66公顷的一块大空地来作为公园，这很难得

记：优势在什么地方？

孟：深圳这么一个很繁华的、现代化的、经济高速发展的城市，在她的市中心，还能找出66公顷这么大的一块地来作为公园，很难得。本来是64公顷，我们建议扩大2公顷，因为64公顷不好，66公顷就吉利。

记：可可，搞园林也讲究这个？

孟：我们不讲迷信，但这也是一种传统制，能回避当然就回避了。另一个优势是很少有人工，第三个，园址本身在地形纪伏上，这是一个自然的山，母脉叫大岭山，深圳最高的余脉是梧桐山的余脉，海拔是113米，清代有个画家说，文章是案头的山水。山水是地头上的文章。

记：山山水水，有山有水，这种情况行吧？

孟兆祯说，园林也好、花卉也好、讲究的就是人跟自然的关系。

人物档案

孟兆祯，70岁，1956年北京农业大学造园专业毕业，现任北京市政府园林绿化顾问组组长、中国风景园林学会副理事长、北京林业大学风景园林规划与设计专业博士生导师、中国唯一的园林规划设计专业的中国工程院院士。第五届中国（深圳）国际园林花卉博览会（公园）项目总策划。

吴肇钊说，园博会主要设计了两条轴线，一条是山水轴，一条是园林轴。

人物档案

吴肇钊，58岁，中国对外建设深圳园林设计公司总经理，深圳大学建筑设计院园林部总工程师，深圳市园林绿化专家组技术顾问，德国93国际景园建筑博览会大金奖获得者。第五届中国（深圳）国际园林花卉博览会（公园）项目主持人。

孟：目前水面很少，只是在山的阴面有一些，但是将来可以构成水面，深圳本身的降水量并不小，但是现在没有利用好，将来地下的截水沟可以造成天然溪流，水池也可以造成天然雨泪，水补给形成。

记：水在园林设计上是必须要考虑的吧？

孟：这当然，这有什么好处呢？我们有了山，我们再开辟出水，那就有山地、沼泽、湖泊等各种环境，有很多花卉是水生的、湿生的、浮生的，没水就，就没有这些花卉了。

高楼将其分割得不完整

正积极寻找弥补措施，高楼也将被长廊围住，红荔西路改道的想法也有可能实现

记：有哪些劣势？

孟：劣势主要有两个，过去这里是城市的绿化隔离带，但前些年盖开了两栋高层住宅。从深圳大道开进来一条路，就是这条路把我们这个园子切成了东西两半，第二个不利因素就是红荔西路从东向西穿了过去，把园子又分成了南北两半，这样园子就不完整了。

记：有没有办法可以弥补？

孟：最好的办法就是从规划上把红荔西路改道。如果不行，建议通过公园的这部分从地下走，在园子的中心部分过到地下。

记：这仅仅是一个想法？还是可以实现的？

孟：这是我个人的一个想法，但是有关部门已经开始讨论了，很有可能实现。

记：见天的不见，在设计上还要尽量地进行弥补吧？

孟：不可能让它屋荒尽美吧，但是要尽可能符合入景，那两栋高层建筑我们设计了展览性的长廊来把它的地方风格，比如客家的土楼等。

看了园博会记住花乘阁

颐和园你看了会记得其主景万寿山，园博会的主景是将建在山上的花乘阁

记：建筑方面有什么独到的地方？

孟：园内的建筑分几类，一类是综合展览厅，一类就是花卉展览厅，此外也有公园本身景观的建筑。在局部主要取主景突出式，颐和园你看了会记住万寿山和佛香阁。北海呢，你会记住白塔，这是主景。

记：我们的主景是什么？

孟：我们的主景最准备在山上建一个花乘阁，叫"汇万总春花乘阁"。汇方总是博览，总春是设计深圳的气候条件四季有花。这是深圳的构图中心，也是主景建筑。这个山是大梧桐的余脉梧桐海最高的，登岛向南可以远眺海景。在山峰上造一个合适体的建筑，必然会突出这个山峰，就必然会形成主景。

记："汇万总春花乘阁"，这个名字很有味道啊。

孟：所有的景名都是有意义的。大湖是从山上留下的水，蜿蜒溪流，从花间穿过，再叠聚海成的，取名为汇芳韵，还有"笑谁误其堂"，意思就是花开为笑，看花笑谁，呵呵。

吴：随着孟老提出的注重山水意境，我们在这个园子内设计了两条轴线，一条是山水轴，这是中国的园林的精髓，这是表现自然，另一根就是花鸟轴，表现家园、自然与家园交叉、交融。突出自然家园的理念。全园由两大块组成，一块是山，一块是平地。中间用水来沟通。

记：此次园博会风格方面有总体要求吗？

孟：园子有总的风格，各部分还有各部分的风格。要体现出中国特色。中国的园林是很有特色的，诗情画意，在世界上独树一帜，还要有深圳的地方风格，比如客家的土楼等。

记：设计上是不是还要考虑参加博览会的园展要求，给参展的设计预留空间？

孟：是啊，我们要根据同时、同景同时适合于不同的接道到，或者山内的其他类建造，江南苏州水乡风格的园林可以安排在我们开辟的溪流地带。总之我们将会给展览尽可能地创造技术条件，因为参展的园林作品几乎都是要在这个园子里保留下来的。

记：您们一个是总策划，一个是主持，合作得愉快吗？

吴：在中国来说，园林设计专业的除了孟老之外，也就是他是我的老师，他的地位在这个行业里是领袖。我们为什么配合呢？因为我是他的学生，我们的代表国家1993年参加在德国举办的国际风景园林博览会，三十一届，拿了大金奖。

记：强强联手，可可！您们是师生？

吴：我们是真正的师生，1966年我在北京林业大学园林专业毕业，我是他亲自教出来的学生。

孟：我们不仅是师生，是朋友相通，我总对文学、绘画、篆刻、雕塑都有很深的造诣，这是园林工作者必须具备的素质。

本版文图：本报记者 高爽

南海观音耸碧空 普陀宝像独称雄
——普陀山"南海观音"圣景创作

一、综述

普陀山自唐代开创佛教道场以来,千年沧桑。它在滚滚向前的历史长河中,广结善缘,佛日增辉,成为名闻中外的"海天佛国",其仰赖"千处祈求千处应,苦海常作渡舟人"之观音信仰!与山西五台山、四川峨嵋山、安徽九华山并称我国佛教四大名山。

当今,综观南海圣境,再现"山当曲处皆藏寺,路欲穷时又遇僧"极盛景况。其烛火辉煌,香烟缭绕,诵经礼佛,通宵达旦更列为名山之首,亦是国运昌隆,盛世升平的象征。鉴于南海为佛典传录所在,普陀乃菩萨应化胜地;方寸灵台,皆闻风而向善;摩肩接踵,咸渡海而祈福。有识之士因求东方佛教文化之弘扬,遂发兴建"南海观音立像"之首倡。为此,普陀山全山住持妙善大和尚在1995年初对笔者下达设计的任务时曰:"自应雅纳群议,广集众献。谨卜选观单音眺之吉地,为供奉菩萨之道场。青铜铸菩提金身,莲音传般若妙谛。"1995年11月11日妙老在奠基典礼上重申:"兴建露天'南海观音立像',是我们先人没有做过的一件大事,是'海天佛国'史上的第一次,也是为旅游胜地增添新的色彩,更是顺应时势而庄严国土的一大贡献。"

南海观音筹建委员会由市政府、风景区管理局与佛教协会组成,资金及具体工作皆由妙善大和尚总其事。总体设计妙老的安排:①请熟悉并参与过普陀山建设的浙江省相关建筑设计院做方案;②亲赴香港考察大屿山大佛,并请香港佛教界也能协助出方案。鉴于香港大佛、寺庙系中外园林总公司的作品,故委托正在策划筹建志莲净苑的王泽民总经理负责安排,并设计出能充分体现香港佛教界意念的设计方案,作为公司总工程师,笔者十分乐意接受这千载难逢的项目。

二、构思

在设计以前,首先在妙老陪同下多次至现场踏察,立像建在三面环海的山上,视觉感观上高远、深远尤为重要;从妙老及香港志莲净苑艺术总监弘勋博士(英国留学)的介绍中,发掘观音独特的理念,总结其共识的理解与寄托;查阅古籍,熟读能看到的全部文字及图幅,并墨线勾勒以帮助深入理解。初步提炼出可从三个方面来体现:

(1)普陀山是观音道场,设计强调观音宝像与山岩融为一体,展厅与配套用房皆在岩石内,赵朴初题"南海观音"呈巨幅摩崖石刻。

(2)观音与莲花组合一体为世人共识,故拟以荷花池上屹立荷花,观音坐至花中,通过现代科技"喷雾、喷水、喷光",观音宝像飘飘欲仙。

(3)体现瞻仰、朝拜,则结合山体设计成一层广场(下为服务业)、二层台基(内为展厅),观音立像屹立于须弥座上。

浙江省设计院等单位亦挂出了很精致的设计方案,评审会堪称在佛教界规模可谓恢宏。当设计方各自介绍完方案后,与会专家、领导意见非常统一,均欣赏我方山岩方案,经筹委会统计全票通过并宣布山岩方案中选。

三、实施设计

在进行实施设计施工图过程中,妙老根据普陀山的实际情况和佛教文化艺术的特定氛围,作出了较大调整:

① 总体方案改为台基式③方案。
② 入口"法轮常转"雕塑取消。

普陀山南海观音总体设计

妙善大和尚、香港志莲净苑艺术总监弘勋博士（女）与笔者商谈设计事宜

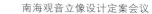
南海观音立像设计定案会议

奠基仪式

筹委会评选雕塑样稿

南海观音耸碧空　普陀宝像独称雄——普陀山"南海观音"圣景创作

来普陀山的中央首长

妙善大和尚书写公司名题

妙善与释本焕在深圳弘法寺会晤

普陀山南海观音环境艺术设计

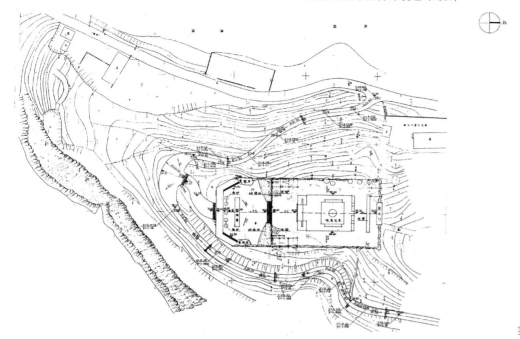

实施方案总平面图

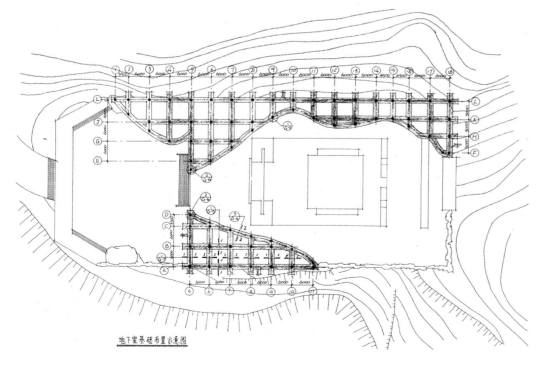

地下架空层布置图

南海观音耸碧空　普陀宝像独称雄——普陀山"南海观音"圣景创作

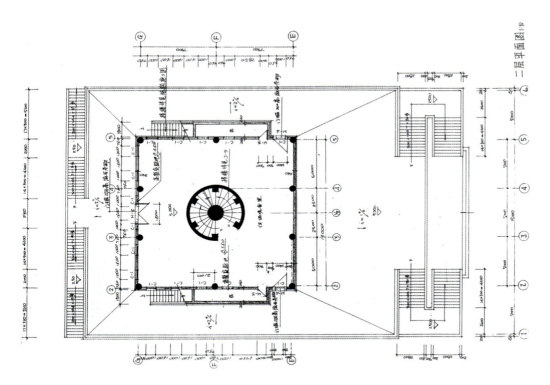

观音宝像二层平面图

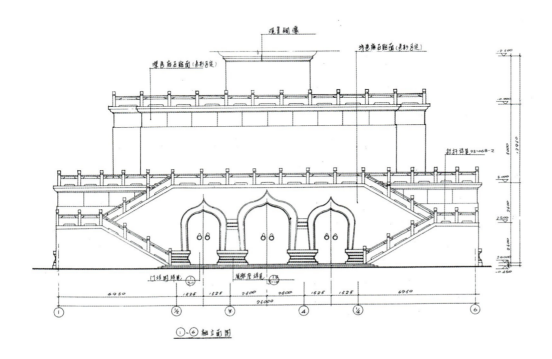

①~⑥轴立面图

观音宝座①~⑥轴立面图

观音像正立面

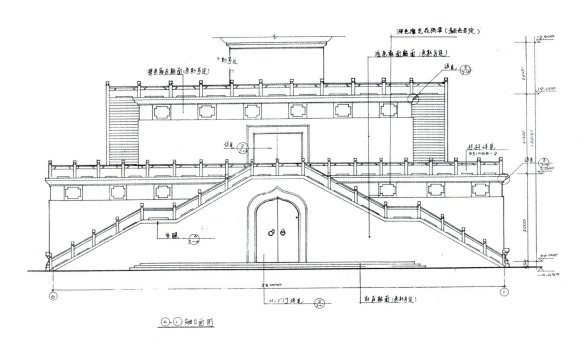

观音像背立面

观音宝座①～⑥轴立面图

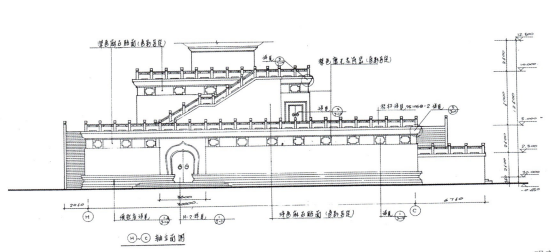

侧立面观音像

观音宝座Ⓗ～Ⓒ轴立面图

南海观音耸碧空 普陀宝像独称雄——普陀山"南海观音"圣景创作

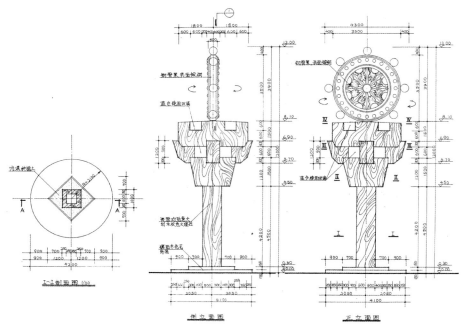

法轮立面、剖面图

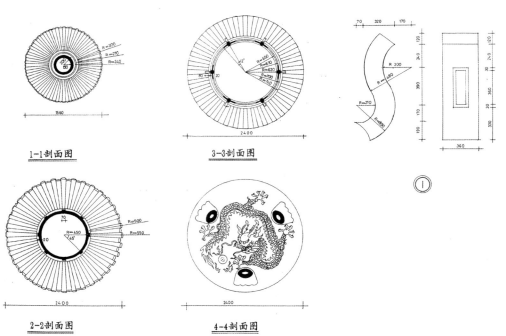

香炉正立面图

香炉剖面图

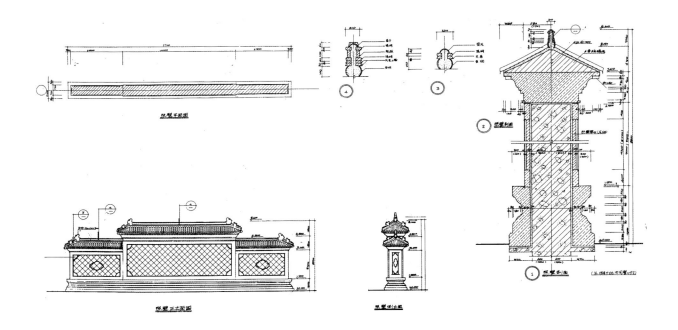

照壁详图

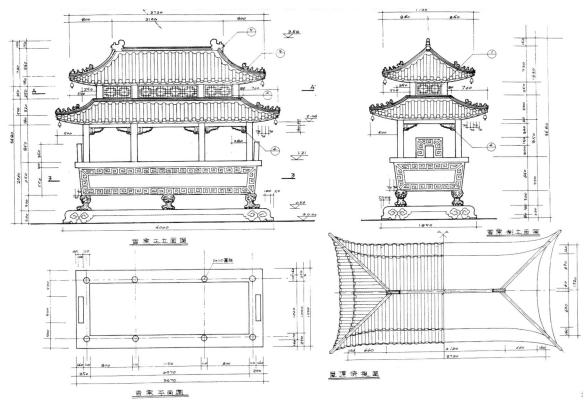

香案平立面及屋顶俯视图

南海观音耸碧空 普陀宝像独称雄——普陀山"南海观音"圣景创作

背光门平面、立面图

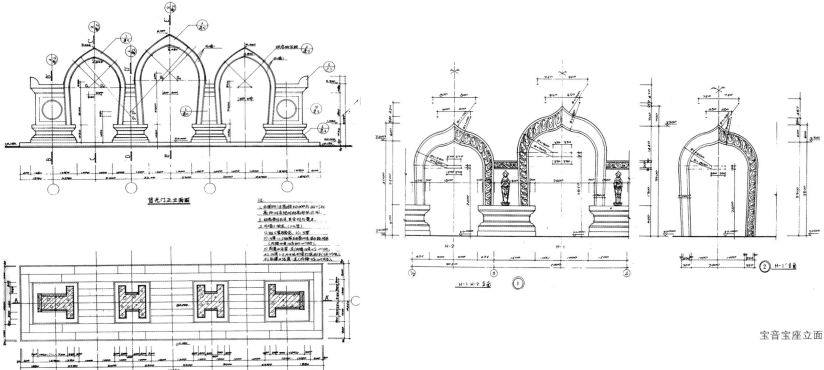

宝音宝座立面

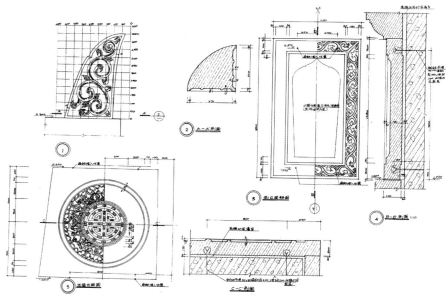

背光花饰石雕大样图

观音宝像与普陀山融为一体（筹委会评出的中选方案）

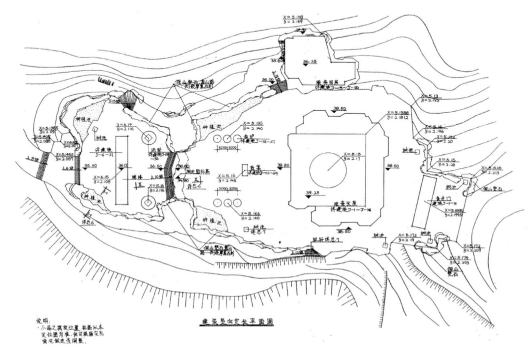

中选方案总平面图

南海观音耸碧空 普陀宝像独称雄——普陀山"南海观音"圣景创作

北京世界公园中国园
——清音境设计

一、概况

北京世界公园总体规划系清华大学建筑学院完成的,其明确东方园林主体部分中国园与日本园为1:1实景建造,鉴于地处首都,故中国园要求以江南文人山水园林为蓝本创作,在占地6亩的空间内,创造出山环水抱、水流花开的江南园林,并明确指出杜绝"克隆"江南某园的做法。在竞争的几个方案中,园林界泰斗汪菊渊老先生与孟兆祯教授选中笔者的方案,二老除给了指导性意见外,并将园名定为:"清音境",希望学子能在山水塑造中有建树,弥补当前造园与古典园林修复中掇山理水平庸的通病。

二、延山理水　宛自天开

该园成功之处是利用园地北面与西面土阜平岗的起伏地形,园内的假山系地形的延续,用"混假于真"的手段取得"真假难辨"的艺术效果。园北利用围墙以贴壁山形式造景,追求"一峰突起,连岗断堑,变幻顷刻,似续不续"的神韵。依据中国山水画论,山体精华"奇峰"旁皆为瀑布,瀑布之下为深潭承接下注之水;磴阶紧贴在耸峭的主峰旁布置,这样处理就使山体产生出深邃曲折的虚处,其构图产生虚与实、动与静的对比。在奇峰以东,叠成山涧水岬、岩麓花境,力求产生"未山先麓"、"山欲动而势长"的气韵。

清音境西面山体设计是因地制宜,在现有的土丘上堆叠湖石山子,其章法以洞壑幽深取胜,洞内仿自然石灰岩溶蚀景观,玲珑剔透,根据湖石天然景态因势利导,诸如岩壑、岩岫、溶洞、裂隙,应形而生。"水随山转"、"山因水活",该座假山贵在山水相互依存,相得益彰。潜流、叠泉分别从溶隙、岩窟曲曲而下,呈现忽断忽续、忽隐忽现、忽急忽缓、忽聚忽散的不同水景。产生不同音响,水音与岩壑共鸣,不啻八音齐奏,似有左思:"非必丝与竹,山水有清音"的诗意。当游人盘旋攀跻于此,可领略"洞内有洞,洞中有天;水中有洞,水中有天"的洞天福地胜景。中国自古誉石为"云",叠石为"停云"。扬州八怪之郑板桥亦有"移花得蝶,买石饶云"的集句,故该组假山十分注意以山外形圆浑勾勒出连绵的云态,体现"卷云"奔趋磅礴的动态。"夏云多奇峰",每组山峰又仿佛朵朵飘浮跳跃的卷云,拱揖追随"云层"。整个山体经营成上实下虚、上明下暗、上散下整,力求体现"卷云"飘逸轻盈与浑厚深远的层次。

综观全局,虽有多样变化的山岩景象,但有变而不繁、多而不复的效果,通过导游路线的起、伏、转、折,基本上满足了俯视、仰视、平视的要求,移步换景,在风景和画面上,兼具高远、深远、平远的"三远"之境,基本上得到"四面有山皆入画"的效果。

以上谈及清音境山水处理首先把握因地制宜的设计立意,其二是山水结合的布局手法,其表现在"山脉之通,按其水境;水道之达,理其山形",形成山水相亲的效果,"山逼水"、"水亲山"是其主要手段。

山逼水:山体以各种不同形式与水咬合,悬崖峭壁直插水中,陡斜坡麓横贯水面,或者是缓坡石矶缓缓延入,使水面形成河、湖、涧、溪、潭、池及港汊众多变化。

水亲山:水体穿插进山的形式,水体穿山产生山体对峙,带状水体贯穿山体,仿佛山体产生众多裂隙,水岫、浅潭等与山融为一体,山水参差渗透,互相咬合等变化。

其三是指技术手段应达到做假成真，即"虽由人作，宛自天开"。掇山要"依皴合掇"，"叠石为山，一石有一石之脉络，虽千万石而亦合成一脉络焉"。"高者、下者、大者、盘跬相背，颠顶朝揖，其体浑然相应"。清音境的掇山，是牢牢把握国画中的"云头皴"为山体的结体。并以《园冶》作者计成理论为宗旨，"有高有凹，有曲有深，有峻有悬，有平而坦，自成天然之趣"。"未山先麓，自然地势之嶙峋"。只有造园家"胸有丘壑"才能"做假成真"。

三、略成小筑　足征大观

园林内营造的建筑，本着"妙在得体"、"精在体宜"，并使建筑能融入山水环境之中，故采用带状与散点式结合的布置，建筑"因景而生"，体现疏朗而质朴的自然情调，然建筑本身亦是景观，故着笔雅洁秀丽、亲切宜人。总体上给人有主次之分，给人有秩序有条理，在规矩之中又是自由活泼，灵活多变，然皆"藉景而成"的。

中国园：清音境

导游图

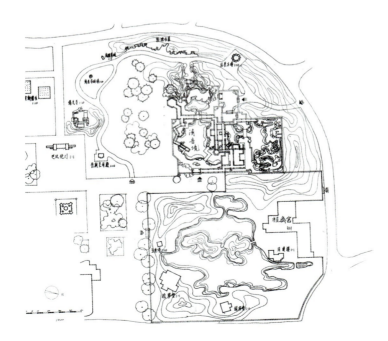

总平面图

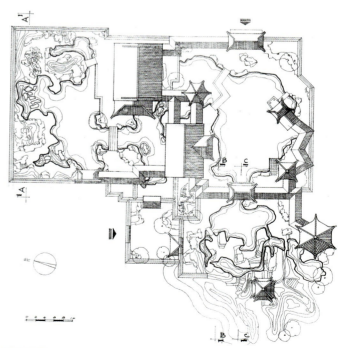

屋面俯视图

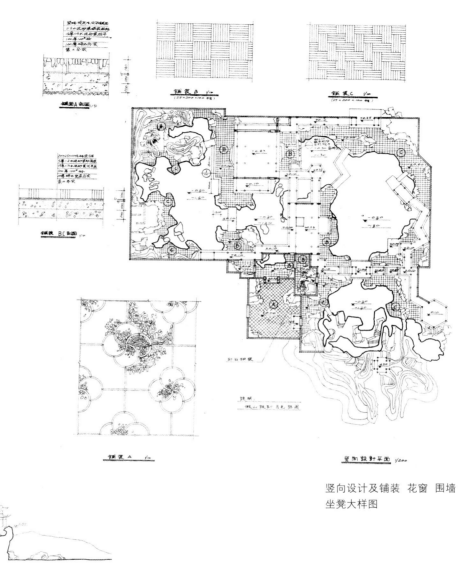

竖向设计及铺装 花窗 围墙
坐凳大样图

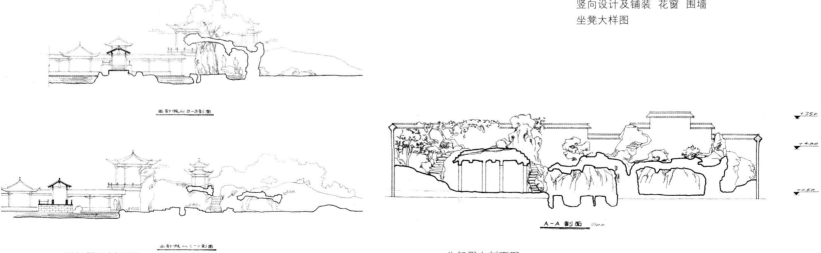

西部假山剖面图

北部假山剖面图

北京世界公园中国园——清音境设计

山、水、建筑、植物有机组合

以画论"一峰突起,连岗断堑,变幻顷刻,似续不续"创作的实景

高低错落的厅、廊、亭、桥与曲折深邃的水体

北京世界公园中国园——清音境设计

从廊桥上纵览主入口景观

不系舟为文人园林标志

叠石停云　山亭翼然

从坡麓谷道迂回登山

空灵的谷道呼应厅堂

曲折深邃的涧溪效果

宁静的水院

洞府外眺景观

岩岫深邃 生机盎然

北京世界公园中国园——清音境设计

灵活多变的建筑组合

以古画为蓝本的仙人扇面亭

飘浮水面的书斋

半亭以镜借景

清音境庭院入口（一）

清音境庭院入口（二）

清音境庭院入口（三）

为观赏园林外景色而建的二层阁亦是园子的重要节点

中国饮食文化城策划与规划

一、深圳旅游业现状和旅游消费心理分析

(一)深圳旅游业现状分析

深圳在国内旅游业中占有重要地位,每年接待国内外游客人数、旅游创汇收入等各项重要指标均位居全国前列,近几年每年接待的游客都在1300万人次以上,1999年旅游业收入达到214亿元,占全国旅游总收入的5%,创汇11.08亿美元,其中"五一"假日期间深圳市旅游消费达到20亿元。

(二)旅游业发展趋势

随着现代旅游业的发展和人们生活条件、消费水平的不断提高,一些新兴的特色旅游,如生态旅游、体育旅游、探险旅游等正在形成一种潮流,人们从过去单一的旅游目的逐渐向多元化需求转变。中国饮食文化城旅游项目的设置顺应了此发展趋势。

(三)可供参考的"珠三角"主题公园现状

由于经济发展起步早、发展速度快,珠江三角洲旅游业中的主题公园一直在全国占据领先地位,获得了可观的社会效益和经济效益,其项目内容及投资规模均值得借鉴。详见下表。

珠江三角洲主要主题公园状况表

序号	公园名称	位置	投资(亿元)	开业时间
1	锦绣中华	深圳	1.0	1989年
2	中国民俗文化村	深圳	1.1	1991年
3	深圳野生动物园	深圳	2.0	1993年
4	世界之窗	深圳	8.0	1994年
5	飞龙世界	番禺	5.0	1995年
6	飞图影城	番禺	2.0	1995年
7	世界大观	广州	6.8	1995年

续表

序号	公园名称	位置	投资(亿元)	开业时间
8	圆明新园	珠海	2.2	1997年
9	香江野生动物园	番禺	3.0	1997年
10	广州海洋馆	广州	3.0	1997年
11	航天奇观	广州	2.5	1997年
12	水上乐园	深圳	1.8	1997年
13	欢乐谷	深圳	3.0	1998年
14	未来时代	深圳	2.0	1998年
15	深圳海洋世界	深圳	3.0	1999年

二、规划构思与规划期限

(一)规划构思

深圳的旅游业经过近20年的发展,它既经受了外来文化的冲击和现代机械游乐的碰撞,亦创造了人造景观主题公园的辉煌,而今天,它却面临着新的选择,是延续老路还是另辟蹊径?答案只有一个:顺应当今世界潮流。

中国饮食文化城的规划,先行同行清华大学、同济大学、长沙冶金设计研究院均做了许多实质性的工作,众多的方案使我们受益匪浅。然而纵观这些作品,它们均以塑造中国传统建筑景观为主题,各个朝代各种风格的建筑群相拥在并不宽敞的湖边、山间。这种密集型人造景观设计立意雷同,在深圳已重复得太多,已从轰轰烈烈逐渐走入了低谷,其前景不可乐观。作为中国饮食文化城新一轮的设计者,寻求探索最佳切入点、挑战21世纪世界旅游新概念是我们惟一的选择。

本次规划确立以保护自然、顺应自然、充分利用现有的地形地貌为前提,以优良的大面积的森林生态环境和现有的山、石、溪涧、鸟、蝶、花、林木等景观元素为基础,以弘扬中华民族悠久的历史文化为主线,融养生健身、游览观光、休闲娱乐于一体,为游客营造一处"仁者乐山、智者乐水"的游览

空间和"明月松间照，清泉石上流"的景观环境。

（1）以人为本,回归自然：中国饮食文化城具有得天独厚的自然条件和地理位置，它靠近城市，地段内植被覆盖率高、林木葱郁、流水潺潺，这种优良的自然环境为渴望远离尘世喧嚣的现代都市人找到了一处放松自我、回归自然的绝好去处，开展生态旅游符合了现代人回归自然和保护自然的需求。

（2）寓教于游，怡情养性：中国传统文化源远流长，博大精深，中国饮食文化城以此为主线设置游览项目，当人们在呼朋唤友，扶老携幼来到这里时，可以在尽兴饮食、游憩和娱乐之中享受传统文化的熏陶而增长知识，提高文化品位。

（3）博采众长,借古开今。

(二)规划期限

中国饮食文化城项目遵循"一次规划、分期实施、滚动发展"的原则，分两期实施。

一期：2004～2005年；二期：2006～2008年。

三、景区规划

(一)景点设置

全城按总体规划划分为六大景区，即食文化景区、茶文化景区、药文化景区、酒文化景区、初谷苑。

1.食文化景区

该区主要体现中国的食文化，以鲁、苏、川、粤、浙、闽、徽、湘、京、鄂等十大菜系为基础。规划以水月湖为中心，湖的南面中国大酒店为主体建筑，其侧布置粤菜馆、闽菜馆、苏菜馆、浙菜馆、京菜馆、鲁菜馆和徽菜馆；湖的北面布置有湘菜馆、川菜馆和鄂菜馆。

（1）中国大酒店：以宫廷菜为主，同时安排配套的西餐厅。大酒店系该景区的主要建筑，由几进传统建筑组成的院落沿湖畔坡地铺陈而上，气势磅礴、色彩绚丽。现代表现技法和建筑材料的运用使整幢建筑传统韵味十足而又充满时代气息，如玉宇琼楼，超凡脱俗。

酒店为五星级，悬挂溥杰题"御膳酒楼"金匾。建筑总面积100000m^2左右，计1800床位。游人至此，可品赏唐、宋、元、明、清五大皇家御膳佳肴。为适应现代人生活需求，酒店内设有会议中心和歌舞厅、保龄球馆、室内网球场、游泳池、桑拿浴室等各种游乐休闲设施。

（2）十大名菜馆：以中国食文化中最著名的十大菜系为主题，采取富有地方建筑特色的民居形式依山傍水沿水月湖湖岸布置，分成湖区北岸建筑群和南岸建筑群。

北岸建筑群包括：湘、川、鄂三菜系，以浙江水街、湘菜吊脚楼为主，以多种小单体组合，适应山地高差，南岸建筑群包括粤、鲁、京、徽、苏、浙、闽等七菜系。

粤菜馆，该餐馆仿古代宝船潮州红头船形式，为两艘三层仿木船停泊在西湖岸畔，寓意时代航船正驶入新的世纪，同时也意在勾起当年漂洋过海客居他乡的游子对故土的眷恋之情，回来寻根问祖或叶落归根。该景点名：埠舟唱晚。

闽菜馆，仿福建客家传统围屋形式，内从古制。主要供应客家菜肴。该景点名：客家围屋。

（3）表演广场：广场毗邻水月湖西堤坝，在此可定期举办狂欢节、文化艺术表演等活动。

（4）廊桥·栈道：位于西堤坝，利用贮水的大坝高差，仿悬空寺布局手法，坝上建休息廊，将功能与审美有机结合。

（5）水月湖：水月湖汇北溪和南溪之水形成本园区的中心水面，湖内有藏珠岛和瑶玉岛。

2.酒文化景区

该区以山居人家为起点，沿北溪呈带状布置，以历史名人为纽带，以饮酒赏花、饮酒赏月、饮酒抚琴为主题展开，将游人置身于特定的环境氛围，讲述老百姓知道的和不知道的故事，淋漓尽致表达酒文化的深厚底蕴和无穷魅力。

(1) 山居人家：倚山靠崖的吊脚楼层层叠叠，沿着弯弯曲曲的石板路拾级而上，似有"蜀道难，难于上青天"的寓意。各类风味小吃、民族小吃汇聚成一条山街在林中时隐时现，展现"满盘菜肴均引客，窗外春色更留人"的意境。

(2) 山村水廊：一座小型村落，再现"千里莺啼绿映红，山村水廓酒旗风"的环境风貌。面对碧波荡漾的湖水，亦是凭栏饮酒、对月吟诗的好地方。在此展现唐、宋名人饮酒赏月时的无限情趣。塑李白、杜牧、苏轼等像，并附有关诗篇，挂宋《北山酒经》文。

(3) 酒文化博物馆：位于天池西北侧。馆内以现代化声、光等手段展示中外酒文化历史，并设置分别表现明、清时期开怀尽饮的酒宴场景以及酿酒作坊和名酒市场、酒具展销等，开展酒文化研究。

(4) 文化广场：由于场地有限，广场可结合博物馆举行中外名酒展等商品交流会，亦可定期举办啤酒节、品酒大赛等饮酒盛会，同时在中秋、重阳等节庆假日可开展饮酒拜月等文化活动。

① 摩崖石刻：利用现有的一处高约10～16m，长约70m的陡峭山体，规划以酒令为题的摩崖石刻廊，与山上的绿色藤本植物共同构成广场的天然背景。

② 酒吧街：沿山势拾级而建一条古朴的酒吧街，室外有休息吧座，其间点缀大大小小的各式酒瓶的仿制小品，是游人小酌的休闲场所。

③ 在铺地上刻各种品牌酒的商标，是中外名酒的大荟萃。

(5) 曲水流觞：在北溪溪畔再现晋代《兰亭序》中"此地有重山峻岭，茂林修竹，又有清流湍急，映带左右，引以为曲水流觞"的盛况，以饮酒赏花为题，体现酒与花的不解之缘和"醒也风流，醉也风流"的文化情怀。并石刻赏花诗作。

(6) 幽谷清音：源于山顶的小溪流沿山涧谷地至此形成小瀑布，汇水成潭后，在两山夹谷中蜿蜒流向水月湖。在此营造"泽兰浸小径，流水响空山"的意境，设琴台，塑诗人陆游"酒酣几度到琴台"饮酒抚琴，对酒当歌的情景。

(7) 阳关故道：在本景区内山脊的道路上展现"秦时明月汉时关"的沧桑景象。路上放置历代的酒具雕塑，是一处酒具发展史的文化长廊。

(8) 周王台：结合山间休息台而筑，展示周文王"灵台"祭祀之状以及"祭有常期，故饮有常时"的古俗。

(9) 咏酒诗林：历代咏酒诗词众多，精选后刻于自然石上，散立于林中，供游人评品，从中体味酒文化的艺术魅力。

(10) 酒故事林：重现西晋竹林七贤聚饮山林场景的雕塑。塑造武松醉打快活林、鲁智深醉打山门、关公温酒斩华雄、桃园结义、史湘云醉卧青石板、孙悟空大闹蟠桃会、贵妃醉酒等故事场景。

(11) 其他园林建筑及景观小品

① 酒祖·杜康：置于起点地的雕塑。杜康，夏代国王，传说中的酿酒发明者。并刻曹操《短歌行》："慨以当歌，忧思难忘，何以解忧，惟有杜康"。

② "酒"字石群：该石群落在杜康雕塑周围，其上镌刻不同字体的"酒"字。

③ 拜月台：拜月台由一木栈道与博物馆相接，是游人登高赏月，抒怀吟诗的场所。

④ 醉翁亭：建于山脊平地小亭。记晋陶渊明醉酒状，有"疑陶渊明诗，篇篇有酒"，塑唐代醉八仙雕塑，配杜甫《酒中八仙歌》诗。

⑤ 甘露亭：甘露，一名天酒，谓"神灵之精，仁瑞之泽"、"民饮之，所欲自从也"。

(12) 天池：由山顶积水坑扩大改造而成，亦为饮食文化城主要水源地。

3. 药文化景区

本景区集游览、养身、健身于一体。位于现有七圣宫以西的大片山岗上，主要项目：七圣宫·药王庙建筑群、药王雕塑、问天台、神农苑、养生研究院、药林、百草园、蝴蝶谷、养生园和太白行吟等。

(1) 七圣宫·药王庙建筑群：地处饮食文化城核心部分。拟恢复七圣宫作为主体建筑，在其后增建的一组院落为药王庙。该组建筑利用坐西朝东、层层叠叠的山势呈轴线对称布局而成为全城最为宏伟壮观的建筑群，也是全城标志性景点。其建筑群前面的露天八卦广场为中轴线的起点，也是饮食文化城游客主要聚散地和各类大型活动的舞台与民俗、歌舞、服饰表演场。七圣宫为游客供奉处，同时辟斋菜馆；药王庙供奉药祖神农氏，药王孙思邈、扁鹊以及历代名医华佗、张仲景等。内设药膳服务于游客。围绕"养生学"成立中医研究院，开展中国中草药药文化的研究，提供健康咨询、名医坐诊、气功健身、饮食养生、药材市场等专项服务。并专设面向东南亚、港澳台同胞难症治疗中心，聘国内退休著名老中医主持。

(2) 药街、药坊：沿七圣宫西面主干道布置，设有各式药铺、制药作坊，为游人提供药茶、药酒、药膳、药材、药方等服务，同时，游人可参与制作。

(3) 神农苑：位于南涧溪畔。神农首创行医，为医药之祖，民间多称之为"药王菩萨"。该苑设药用植物博物苑，将中草药植物展示与有关历史典故、传说、神话以及保健治疗相结合，向游人传授科普知识，苑内建神农赏百草、神农造琴、药兽、李时珍与《本草纲目》等雕塑。

(4) 百草园：布置于南溪南侧山谷中。

① 仁心园：服务性建筑结合亭廊依山势而建，通过音乐、绘画、诗词、书法等展示药用植物的保健治疗功能。园内塑针灸之祖——黄帝的雕像。

② 舒心廊：是以具观赏性的药用藤本植物构成的廊架，同时塑外科之祖——华佗雕像及远古针具——石砭和扁鹊神针雕塑小品。

③ 百草园：以人参、石斛、灵芝、首乌、芍药、三七、虫草、茯苓、杞子、黄芪等十大植物为主，并设电子触摸屏，游客能及时了解相关信息。

(5) 趣闻石刻：通过将中药起源，治病救人的神话传说、民间故事以石刻的形式，向游人普及中医、中药知识。

(6) 蝴蝶谷：沿南涧的山谷，栽花引蝶，并开展水上漂流活动。

(7) 疗养园：该园为弘扬中国传统养生文化的别墅群，位于木棉山的南向谷地，地势开阔且平缓，在此建家庭式、情侣屋和标准间三种类别的疗养别墅，出租给游客休养度假，开展养生健身活动。

(8) 养生研究院：系一处园林式高档接待设施。

(9) 问天台：位于山顶台上，是登高观景，佳节抒怀之处，也是授天命以发问的地方。

(10) 药王雕塑：在问天台之上为药王雕塑，供游客祈求健康长寿，可借助现代声光科技使之栩栩如生。

(11) 太白行吟：诗仙李白醉卧飞碟。

4. 茶文化景区

该景区位于整个景区的南面，从次入口进城沿公路至鸡公山脊便直接进入茶文化中心。本景区主要景点4处。

(1) 茶文化中心：干栏塔楼式建筑。内设中外名茶品茗馆、茶民俗文化馆、茶道馆、茶宴馆、茶具馆及茶文化研究院，并提供各式茶点小吃和有关茶的专著，亦可开展古今中外茶文化学术与交流等活动。塑品茶名家雕塑，如唐代王维、元稹、宋代王安石、元代文征明、清代曹雪芹、乾隆等像。于正堂塑茶圣陆羽坐像与石刻《茶经》。

(2) 天街：坐落在山脊的风情茶庄一字排开，宛如天上的街市。游人至此，可品赏各式各样风味的茶，如擂茶、功夫茶、八仙茶、药茶等，同时可参与茶会、茶宴、茶道等茶文化活动，到制茶作坊体验生活。仿少数民族农历七月十六"茶祖会"之典，饮茶赏月，载歌载舞，放"孔明灯"，祭"茶祖"孔明，融入民俗风情而举办茶文化节。

(3) 茶宴图：以友人相聚于竹林举行茶宴的欢

乐场景为题建雕塑，体现"尘心洗尽兴难尽，一树蝉声片影斜"的意境。

(4) 茶园：在坡地种植茶叶，分为绿茶、红茶、乌龙茶、花茶、紧庄茶、窨茶等6个区。并且开辟一采茶园，逢谷雨前后，游客踏青而来"呼朋争手摘"参与采茶农事活动。

(5) 在带状的山脊一带，依据环境分别点缀观景亭：锁雾亭、开云亭、陶然亭。

(二)水景体系

饮食文化城有山少水，通过积水造湖形成丰富多彩的水系和山水相依的湖山胜境。

饮食文化城的水景系统主要为中心湖，即水月湖以及山顶的天池和北溪、南溪、南涧等水体。

(1) 水月湖：该湖结合地形高差，在西侧筑一堤坝，成滚水瀑布景，另沿坝塑造廊桥栈道景观，将功能与贴崖建筑融为一体。

(2) 天池：北溪发源于此，溪水穿引于酒文化景区，在充分利用现有景观资源的基础上，于适当地段设置挡水坝，结合排山洪的功能与造景融于一体，达到雨季防洪、旱季必要时展现水景的效果。

(3) 南溪：南溪源于鸡公山头的谷地，流经药文化景区，注入水月湖。

(4) 漂流水道：在南溪流经药街处，作为漂流的起点，终点设在八卦广场以西。该段溪流的长度约300m，落差约40m，经整治后拟开展山间漂流活动。

(5) 南涧：该溪流源于药文化区疗养园西南山谷，沿谷往南注入小坑水库。

四、道路交通与游览路线组织规划

(一)外部交通

1. 道路

文化城南北各设一条专用车道：由红岗路接入文化城的专用车道长约2km，宽10m（2车道）；布吉中兴路入城专用道宽20m（4车道），在文化城入口区以匝道形式与清平快速路相接。

2. 公交停车场

在主入口、次入口以东各设面积分别为10000m^2和15000m^2公交停车场一个。

(二)内部道路交通

1. 道路系统

景区的道路共分三级：主游道、次游道、支路。

(1) 主游道

景区的主道路是景区内外及景区间的交通联系纽带，道路宽度6.0~9.0m。从食文化区入口开始，向西沿湖的南岸延伸至药王庙前的八卦广场，沿线主要景点有琼楼玉宇、客家围屋、埠舟唱晚，该段道路宽9m。从八卦广场开始，主道路其东北方向连接酒文化景区，西向连接药文化景区，继而向东南方向分别通向次出入口和专用出入口。沿途经过的主要景点有药王庙、药街、药林、疗养园、天街、茶文化中心等。该段路宽6m。

主道路横坡不宜大于2%，纵坡不宜大于12%，超过12%的路段的路面应作防滑处理，转弯半径不小于8m。混凝土或沥青路面。

(2) 次游道

次道路为3.5~4.0m宽的单行道，与主道路衔接而形成环形道路网，次道路将园区交通延伸至主要景点和布置的建筑群。条石或混凝土路面。

(3) 支路

为景点间联系及观光游览山间游步小道，宽约1.0~1.5m。条石、块石或卵石路面。

(4) 自行车道

根据需要，在主路或支路划出一定长度的路段，可开展自行车训练、比赛等。

规划道路一览表

类别	起讫点（名称）	宽(m)	长(m)
主游道	食文化区入口—八卦广场	9.0	950
	八卦广场—专用入口	6.0	3700
	疗养园—次入口	6.0	3670
次游道	疗养园道路	3.5～4.0	2600
	疗养园—食文化区入口	3.5～4.0	3800
	大酒店上山路	3.5	600
	其他	3.5	2000
支路	酒文化区	1.0～1.5	2500
	食文化区	1.0～1.5	1000
	茶文化区	1.0～1.5	3500
	药文化区	1.0～1.5	3800

2. 停车场

（1）公共停车场

由于饮食文化城用地多为丘陵山地，平地少，故公共停车场宜为小规模分散方式布置。

规划公共停车场一览表

编号	位置	面积（m²）	备注
1	表演广场西	7000	部分为半地下停车场 旅游汽车
2	茶文化区	2500	旅游汽车
	合计	12500	

（2）专用停车场：规划在主要接待设施地结合地形及其停车要求设置相应的停车场地。为尽量避免山体大开挖，宜采用地面与地下相结合的方式设置。

规划专用停车场一览表

编号	名称（位置）	面积（m²）	备注
1	中国大酒店	12000	地面7000m² 地下5000m²
2	养生研究院	800	设地下停车场
3	疗养园	600	
4	酒文化博物馆	600	
5	其他	500	
6	小计	14500	

（3）电瓶车停靠点：于主要景点的适当位置设置电瓶车停靠点。

3. 集散广场

根据总体规划所确定的游人规模以及环境容量，园区设置多处集散广场，广场除满足交通与人流疏散要求外，大部分兼有表演广场的功能。

规划广场一览表

编号	名称（地点）	面积（m²）	备注
1	表演广场	4000	
2	八卦广场	2500	
3	文化广场	1000	
4	其他	5000	
5	小计	12500	

4. 交通方式

除本园区的消防车辆和货运车辆外，原则上不允许其他与旅游无关的机动车辆进入园内。旅游客车须在指定的停车场停放。

（1）电瓶车交通　主、次道路呈环状路网，电瓶车可到达各主要景点和重要建筑物，电瓶车为重要的游览交通方式。

（2）步行　主要的游览方式。

（3）自行车　特色辅助交通方式。

（4）索道　索道为联系食文化景区与药文化景区及茶文化景区之间最快捷的交通工具。索道上站设在八卦广场，下站设在与"太白行吟"景点紧邻的山顶台地。

（三）游览路线组织

将饮食文化城的主要景点组合成若干半日游单元内容，供游客选择或搭配组成一日游或更长时间的游览活动。

（1）食文化景区与酒文化景区组合。主要景点：十大菜系名菜馆、文化广场、咏酒诗林、酒文化博物馆、幽谷清音、曲水流觞、山村水廊、廊桥·栈道、琼楼玉宇和三百六十行商业购物街区。

（2）药文化景区与茶文化景区相结合。主要景点：七圣宫·药王庙、问天台、药王头像雕塑、太白行吟、药街、神农苑、百草园、药林、蝴蝶谷、山涧漂流、天街、茶文化中心。

(3) 药文化景区与酒文化景区组合。主要景点：七圣宫·药王庙、百草园、神农苑、问天台、太白行吟、蝴蝶谷、天池、幽谷清音、酒文化博物馆、曲水流觞、山村水廊、文化广场。

(4) 茶文化景区与食文化景区组合。主要景点：茶文化中心、天街、茶园、客家围屋、琼楼玉宇、廊桥·栈道、十大菜系名菜馆等。

五、绿化规划

(一)现状

中国饮食文化城城址是布吉附近惟一的植被保护较好的地段，植被覆盖良好，植被类型多样。据初步调查，域内维管植物114科282属406种。其中蕨类植物15科20属27种；裸子植物4科4属6种；被子植物95科258属373种。其中药用植物树种59种、观赏植物71种、维纤植物57种、用材树种59种、水果植物27种、芳香植物22种、野菜植物16种。但由于人为活动较频繁，壳斗科、樟科和木兰科等地带性森林群落的建群种类比较少，植物群落均以阳性植物占优势，以灌草丛和人工林为主。灌草丛为面积最大的天然植物群落，以豺皮樟、盐肤木、黄牛木、桃金娘、野牡丹、栀子和岗松等灌木种类占优势。在山沟附近，水湿条件较好的地方有面积小而不连续分布的零散次生林，以鼠刺、黄牛木、山苍子和山乌桕等小乔木树种为建群种。在人为活动较频繁的田边和路边，杂草和攀援植物丛生，常见的种类有五节芒、蔓生莠竹、薇甘菊等禾本科、菊科和蓼科植物。

规划区内有多种人工林群落，主要的人工林树种有马尾松、杉树、柠檬桉、马占相思、大叶相思、黧蒴和荷木等。人工林一般沿山脊或山坡呈块状或条状星散分布。林下主要植物有豺皮樟、黄牛木、野漆树、梅叶冬青、桃金娘、春花、栀子、银柴、鸭脚木、鸡骨香、展毛野牡丹、山管兰、山芝麻、芒萁、九节、粗叶榕、狗骨柴、猴耳环、三叉苦、台湾榕、假苹婆、降真香、鬼灯笼、黑莎草、半边旗、草珊瑚、淡竹叶、土沉香、毛蕨、扁叶铁线蕨、赤鳞蒲桃、玉叶金花、山乌桕、水杨梅等。

国家级保护植物2种：土沉香和金毛狗。土沉香系国家三级保护植物；金毛狗被列为国家二级保护植物。在沟谷次生林下分布有香港安兰、血见清、西南凤尾蕨等荫生性稀有植物。

(二)原则

(1) 保护为主，改造为辅，严格保护现有生态环境和生态资源。

(2) 点线为主，结合面片，以景点绿化、道路绿化为重点，重点建设好药、茶文化两区中的药用植物园和茶园。

(3) 以乡土树种为主，兼顾外来树种。绿化中以乡土树种来突出地方特色，在重点景点与景区，增植外来树种，提高景点的绿化档次和质量。

(4) 一季为主，四季有景。具体某一景点、景区是以一季景观观赏为主，全园则形成四季有景可赏。

(三)树种规划

(1) 药用植物：金毛狗、益母草、土牛膝、白花蛇舌草、叶下珠、百合、淡竹叶、八角莲、金丝草、黄鹌菜、金钗石斛、车前草、马蹄金、接骨草、伽蓝菜、穿心莲、鱼腥草、土沉香、肉桂、槟榔、鸡蛋花、岭南杜鹃、金银花等。

(2) 茶园：英江9号、黄叶水仙、福鼎大白茶、福建水仙、大叶乌龙、铁观音、东昌白毛茶、凤凰水仙、海南大叶茶、云抗、云台山种、龙井43、碧云等。

(3) 其他观赏植物：

① 乡土植物：小叶榕、大叶榕、台湾相思、尖叶杜英、鱼尾葵、鸭脚木、鸡蛋花、短序楠、海南蒲桃、水杉、落羽杉、芒果、龙眼、荔枝等。

② 四季观花：

春：桃、木棉、大红花、刺桐、杜鹃等；

夏：凤凰木、大花紫薇、蓝花楹、荷花、木槿、铁力木等；

秋：金凤花、黄槐、复羽叶栾树、夹竹桃、小叶紫薇等；

冬：美丽异木棉、红花羊蹄甲、勒杜鹃等。

③ 亲水植物：落羽杉、水杉、垂柳、小叶榕、芦苇、睡莲荷、水石榕、红叶李、夹竹桃、龟背竹、千屈菜、石菖蒲、燕子花、伞莎草等。

④ 外来植物：大王椰子、吊瓜树、树菠萝、老人葵、大花第伦桃、海枣、法国枇杷等。

⑤ 防护植物：荷木、杨梅、鸭脚木、高山榕、夹竹桃、广玉兰、小叶榕、盆架子、海桐、珊瑚树、木麻黄等。

(四)分区规划

1.食文化区

(1) 水体及周边绿化　主要选用植物：大王椰子、海南椰子、垂柳、大丝葵、落羽杉、荷、睡莲、软枝黄蝉、夹竹桃、小叶榕、凤凰木、龟背竹、千屈菜、伞莎草等。

(2) 各景点建筑绿化　根据建筑本身所处的环境及建筑形式，采取相应的绿化风格。各建筑单体之间采用绿色屏障分隔。主要选用植物：小叶榕、鱼尾葵、香樟、广玉兰、垂柳、竹类、紫玉兰、桃、小叶紫薇、荷、睡莲、杜鹃、苏铁、旅人蕉、海芋、龟背竹、球柏、铺地柏等。

2.酒文化区

(1) 山居人家　以营造自然、质朴、山野气息为主。主要选用植物：小叶榕、龙眼、旅人蕉、野牡丹、番木瓜、马缨丹、金银花、松、鸭脚木等。

(2) 咏酒诗林、幽谷清音、酒文化博物馆　创造清新、优雅的环境氛围。主要选用植物：青皮竹、梅、松、龙柏、龙船花、龙吐珠、一叶兰、龟背竹、万年青、兰花、野菊花等。

(3) 阳关故道　主要选用植物：侧柏、龙柏。

(4) 天池芦花　大面积的片植芦苇。

3.药文化区

(1) 药王庙　以宗教性、纪念性树种为主，周边点缀一些色叶树种，庄严又不失活泼。主要选用树种：菩提树、白兰、大红花、观音莲座蕨、万寿竹、朱顶兰、小叶榕、变叶木、蓝花楹、红枫等。

(2) 百草园(药圃)　以神农尝百草故事为依据，配植其植物。主要选用植物：金毛狗、益母草、百合、叶下珠、车前草、接骨草、鱼腥草等。

(3) 药林　主要选用植物：土沉香、槟榔、肉桂、岭南杜鹃、鸡蛋花、枇杷、香樟、草珊瑚、双面针、鸭脚木等。

(4) 蝴蝶谷　在南涧溪两侧谷地。主要选用植物：何首乌、金银花、鸡矢藤、巴戟、两面针、绞股蓝、海金砂、金樱子、炮仗花、爬墙虎、薜荔、使君子等。

(5) 香料园　主要选用植物：春花、栀子、米兰、茉莉、桂花等。

药文化区意向选用植物品种表

植物名称	保健治疗功能
木棉、和达母、山竹子、胖大碗、茶树、布渣叶、使君子、假鹰爪等	消化系统
荷木、朱砂根、鸢尾、台湾相思、大叶桉、五月茶、珊瑚树等	运动系统
龙柏、盐肤木、紫荆花、益母草、毛茛、车前、番薯等	泌尿系统
柠檬、无花果、柚子、木莲、白兰花、桂花、厚朴、无患子、百合、枇杷、霸王花等	呼吸系统
榕树、鸭脚木、月季花、薄荷等	感觉系统
假苹婆、朱砂根、五月茶、春花、红豆、龟背竹、秋枫、苏铁、蒲葵等	内分泌系统
杉木、阴香、铺地蜈蚣、香樟、梧桐、艾草等	生殖系统
百千层、土沉香、降真香、九里香、二面针、鸡骨草等	神经系统
荔枝、龙眼、白果、肉桂、桃花、侧柏、九里香、牛膝等	循环系统

4.茶文化区

茶文化中心、天街以冠大荫浓的大乔木为主，配植开花艳丽的乔灌木；茶园内群植常绿乔木。本区主要选用植物：小叶榕、尖叶杜英、盆架子、蓝花楹、木棉、黄槐、各种品种的茶等。

5. 森林生态休闲区

该区种植以保健型芳香类植物。主要选用植物：白兰、香樟、米兰、九里香、肉桂、海桐、四季桂、白千层、橄榄、柠檬、刺桐、松、柏等。

百果园 位于中国大酒店的东南侧。主要选用植物：杨梅、荔枝、芒果、龙眼、木菠萝、香蕉、阳桃、海南椰子、柑橘、黄皮、番石榴、人心果、无花果等。

6. 道路绿化

全园道路绿化结合各个景区的绿化布局方式，采取各路段所在区域的不同绿化配植特点来作相应的协调。如山区道路的绿化宜选择管理粗放、生长迅速的树种。主要选用树种：大王椰子、白兰、芒果、小叶榕、黄槐、大红花、红绒球、木槿、苏铁、旅人蕉、花叶良姜、美人蕉、变叶木、肾蕨、龟背竹、一叶兰、万年青、蜘蛛兰等。

7. 防护林带绿化

(1) 高压走廊 以纯林规则式种植显著区别于其周边植物。主要选用树种：荷木、杨梅等。

(2) 清平快速干道 规划复式种植垂直林相结构，阻隔来自高速公路的粉尘与噪声。主要选用树种：白千层、木麻黄、大花紫薇、黄槐、夹竹桃、国庆花、红绒球、金凤花、希美丽、白蝴蝶、蜘蛛兰、海芋、花生藤等。

(3) 景观隔离林带 指文化城与周边用地分界的绿化隔离带，宽度20m左右。主要选用树种：白千层、木麻黄、夹竹桃、枳壳、竹类、龙船花、纸扇、海芋、海桐、栀子花、米兰、夜来香、长春花等。

六、主要技术指标

（一）主要技术经济指标

			食文化景区	酒文化景区	药文化景区	茶文化景区
总用地面积(m²)	1576140	其中	268918	298776	8187200	187940
总建筑面积(m²)	243753		128942	14134	87195	13482
建筑用地面积(m²)	81100		21860	10128	43300	5082
建筑密度(%)	5.15		8.13	3.39	5.29	2.68
容 积 率	0.155		0.48	0.047	0.10	0.07
绿 地 率(%)	84.12		62.77	87.52	89.83	86.37

（二）各景区用地平衡表

景区名称		用地名称	用地面积(hm²)	占总用地(%)
食文化景区	其中	陆 地	22.76	84.63
		园路广场	2.49	10.95
		停车场	1.20	5.27
		建筑用地	2.19	9.61
		绿化用地	16.88	74.17
		水 体	4.13	15.37
酒文化景区	其中	总用地	29.88	100
		陆 地	28.79	96.35
		园路广场	1.57	5.45
		停车场	0.06	0.21
		建筑用地	1.01	3.51
		绿化用地	26.15	90.83
		水 体	1.09	3.65
药文化景区	其中	总用地	81.87	100
		陆 地	81.19	99.17
		园路广场	3.18	3.92
		停车场	0.14	0.17
		建筑用地	4.33	5.33
		绿化用地	73.54	90.58
		水 体	0.68	0.83
茶文化景区	其中	总用地	18.97	100
		陆 地	18.97	100
		园路广场	1.83	9.63
		停车场	0.25	1.32
		建筑用地	0.58	2.68
		绿化用地	16.31	86.37

（三）规划建设项目一览表

序 号	景点名称		规 模(m²)	备 注
一、食文化景区				
1	中国大酒店		100000	琼楼玉宇
2	十大菜系名菜馆			
		① 粤菜馆	3200	埠舟唱晚
		② 京菜馆	4500	
		③ 鲁菜馆	2400	
		④ 徽菜馆	2812	
		⑤ 苏菜馆	1520	
		⑥ 闽菜馆	1020	客家围屋
		⑦ 湘菜馆	5405	
		⑧ 川菜馆	1266	
		⑨ 鄂菜馆	1968	
		⑩ 浙菜馆	4851	
3	表演广场		4000	
4	廊桥·栈道		820	仿悬空寺
5	景观小品			
	其中	金樽		水塔
		雕塑、置石	多组	菜系介绍等与食文化相关的小品
6	停车场		8500	旅游车
7	水月湖		41300	
二、酒文化景区				
1	山居人家		6210	风味小吃街
2	山村水廊		300	
	塑像—诗词石刻		3～5组	李白、杜牧、苏轼等
3	文化广场		1000	
	其中	摩崖石刻		酒令石刻
		酒吧街	200	
		雕塑	10～15组	酒瓶仿制品
4	酒文化博物馆		7380	
5	曲水流觞			
	其中	兰亭	8	
		诗词石刻	6～8组	
6	幽谷清音			
	其中	琴台	20	
		雕塑	1组	陆游饮酒抚琴，对酒当歌的情景
7	阳关故道			
8	周王台		60	
9	酒故事林		8～12组	
10	景观建筑			
	其中	醉翁亭	20	
		甘露亭	16	
11	雕塑、置石、石刻		12～15组	包括咏酒诗林，酒祖雕像，醉八仙，"酒"字石刻
12	其他建筑		100	公厕
13	天池、北溪		10900	

续表

序 号	景点名称			规 模(m²)	备 注
三、药文化景区					
1	七圣宫·药王庙建筑群			4724	
2	八卦广场			2500	
3	药街、药坊			2419	
4	养生研究院			17280	
5	神农苑			2590	
	雕塑			5~8组	以神农赏百草、神农造琴、药兽、李时珍等为题材
6	百草园				
	其中	仁心亭		18	与亭廊结合的服务性建筑
		舒心廊		50	
		灵芝亭		14	
		雕塑		5~6组	采药人、黄帝、华佗、古代医疗工具等
7	太白行吟				
8	趣闻石刻			7~8组	以治病救人的神话故事为题材
9	蝴蝶谷				漂流河道长约300m，开展水上漂流活动
	其中	漂流码头		2处	
		景观桥		1座	
10	疗养园			60000	
11	其他			100	公厕
12	停车场			1400	其中：养生研究院800、疗养园600
13	南溪、南涧			6800	
四、茶文化景区					
1	茶文化中心			8150	
	其中	雕像		5~6组	茶圣陆羽及品茶名家
		石刻《茶经》			
		置石		3~4组	
2	碧螺广场			3000	
	其中	室外茶座		10~15处	
		雕塑		4~5组	古茶器具等
		观景台		1处	
3	天街			5244	风情茶庄
4	茶园				绿茶、红茶、乌龙茶、花茶等园区
5	景观建筑			330	
	其中	听岚阁		40	
		锁雾亭		20	
		开云亭		20	
		陶然亭		30	
		绛雪居		220	
6	雕塑、置石			5~8组	茶宴图、东坡梦泉、观星石等
7	停车场			2500	旅游车

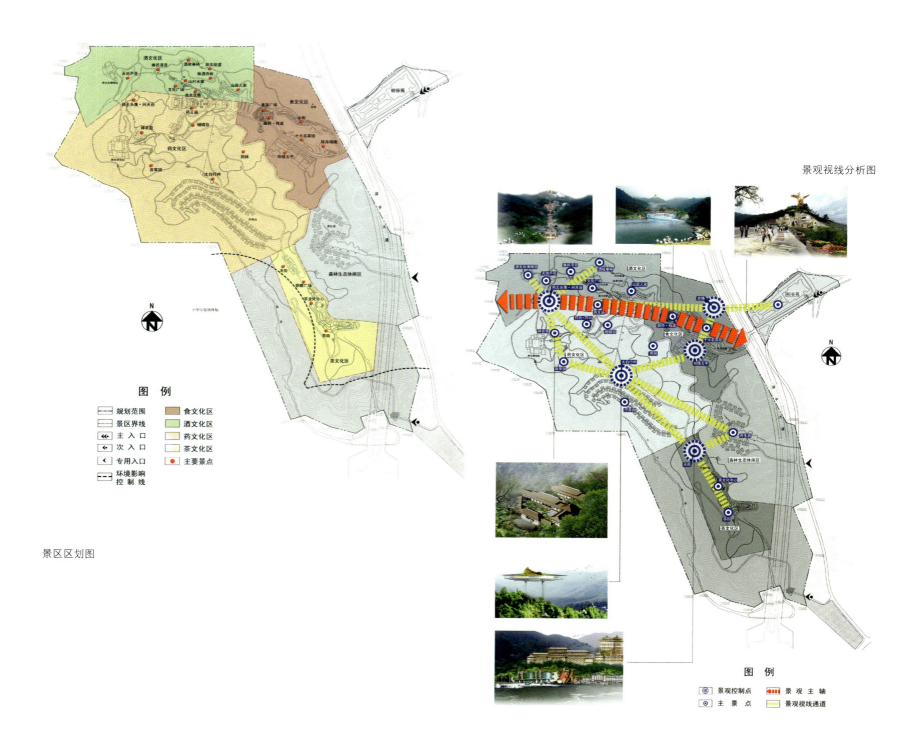

景观视线分析图

景区区划图

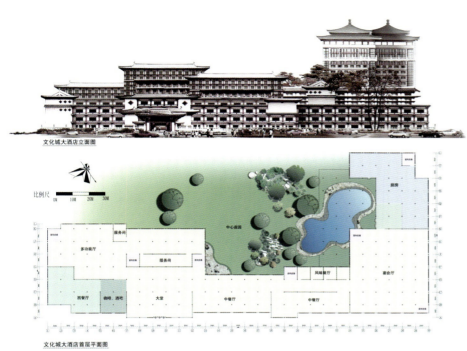

文化城大酒店立面图

文化城大酒店首层平面图

食文化区——大酒店

食文化区——街围舫

食文化区——闽菜馆（客家菜）

食文化区——水上食街

食文化区——粤菜舫

药文化区——药王庙中轴全景

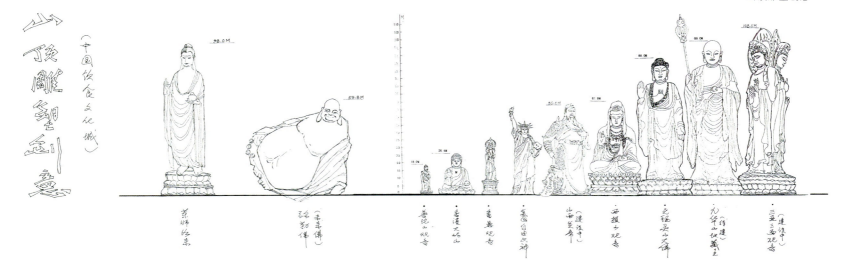

山顶雕塑创意

酒文化区——酒文化博物馆

入口挡墙——走进天谷

酒文化区——天池

太白行吟——李白闻到文化城酒香，乘飞碟飘来

食文化区——金樽（水塔）

药文化区——神农苑

药文化区——养生研究院

景观小品（二）

景观小品（一）

广场铺装

水景

休息设施

植物景观（二）

植物景观（一）

植物景观（三）

中国饮食文化城三百六十行街构思与设计

一、古街思索

谈到商业古街,人们自然会提及古画《清明上河图》(宋·张择端),这轴画卷是反映出公元12世纪当世第一大城,北宋京城开封的汴河两岸商业街的热闹场面。画面内容包括:

城门、牌坊、寺院。

商铺包括:香料铺、匹帛店、孙羊店、食肆、木器店、酒肆、茶寮、商店;还有旅馆、脚店、赵太丞家。

其他:十三辆车、二十九艘大小客货船、八顶轿、八十三头牲畜、七头猪、七百七十八个人(包括出家人、乞丐)、一百八十棵树。

构筑物、小品:天后神位、彩楼、市招、酒旗、竹楼、彩缎旗架、纸扎制品台、鸟羽风标柱、天之、美禄、小帘、菜牌、地摊、神课、看命、决疑、修面理发、炭炉、斗茶、货郎、水井、大量酒瓮、武术表演、各色栀子灯、说书、饮子(凉茶)、果子档、下马石、耍猴、典当、行医。

长长的"清明上河图"不仅是一条架在历史与艺术之间的桥梁,而北宋首都开封,更以第一个"高度消费性城市"的身份出现在人类历史中,为后世的商场文化率先辟出第一条"购物街"。

当今,随着经济的发展,国内大小历史名城皆拥有各具特色的商业街,就以江南水乡之周庄、同里、乌镇、西塘等地,商业街经优化调整后,已成为单独收票门的旅游景点,其经济效益成为当地政府财政收入的支柱。

中国饮食文化城之起动项目商业古街,其立意应着力于"借古开今""笔墨当随时代"为宗旨,设计应综合考虑以下问题:

(1) 功能:商业、旅游双重功能。

(2) 主题:以美国皮博迪·艾塞克斯博物馆收藏"中国市井风情——三百六十行"古画为主题,"三百六十行、行行出状元",并以此命街名:三百六十行街。

(3) 空间:室内使用空间可塑性要大,便于服务于各类商家。

(4) 建筑风格:仿古建筑形式,是现代理念设计的仿古,亦现代人理想中的传统建筑风格。

(5) 街的概念体现,除商业建筑物外应从铺装、构筑物、小品、雕塑、绿化、市招等,形成能达到旅游景区规格的商业购物街。

(6) 配套设施的完善:主要是有相当面积的停车场与经营人员配套的住宅。

(7) 既要最大限度的节约投资,又要确保投资的回报。

(8) 形式:应是国内首创的格局,予人以崭新的感觉,忌为某某古街"克隆"的误区。

二、总体创意

1. 平面布置

三百六十行街景区设计为集观光游览,商业购物等功能于一体的综合型景区。建筑采用经现代艺术手法处理的仿古风格,即现代材料、色彩与传统历史文化有机结合。全区由三百六十行街、商住楼、停车场三部分组成。

(1) 三百六十行街 由东往西分别为汉门、唐宫、宋街、元明清街、清阁、长城商铺组成,其中点缀三百六十行人物雕塑,以及玄武、亨通、亨运三大广场。

(2) 商住楼 景区西北边界为一排商住楼,遮挡细靓窝村的脏乱民房。为与三百六十行古街协调,设计以长城形式隔成城内城外,商住楼立面采用建筑大师贝聿铭设计的北京香山饭店面山立面处理。

(3) 停车场　充分考虑景区人流量，在景区东部开设大型停车场及公交停车场，停车场设计为嵌草生态型。

2. 交通组织

本区外部交通方便，布吉镇华龙路、西环路、中兴路从本区穿过。经进园路A线，接深平快速干道经清水河联检站可方便进入特区。

本区设有一个主入口，两个次入口，沿商住楼布置三个消防出入口。商业街为步行街，非特殊情况机动车不得进入商业街。

3. 主要技术经济指标

总用地面积	56773.1m²
总建筑面积	52881.75m²
其中：商业建筑面积	33689.05m²
住宅建筑面积	19192.7m²
建筑覆盖率	33.27%
容积率	0.93
绿地率	19.64%
地上停车场面积	7650m²
地下车库面积	15725m²
总停车位	515辆(红线内)+230辆=746辆

三、建筑设计

(一)三百六十行街

1. 总体构思

中国饮食文化城整体商业群由一条轴线贯穿，按历史年代由汉门始至清阁结束，采用中国历代传统建筑语言，体现中国传统建筑文化精髓。整体商业群分为五个部分：依次为汉门、唐宫、宋街、元明清街、清阁。

2. 单体设计

(1) 汉门：采用汉代传统门阙形式，分2层，建筑面积361.08m²，跨间9m，进深3m,面宽63m，汉门长桥净高7m，中央脊高18m。形式左右完全对称，气势壮阔，汉风独具。

(2) 唐宫：此建筑为商业群中最大一组，分为地下1层，地上2层，地上总建筑面积13132.25m²。唐宫总体造型为唐代典型立面，出檐深远，面阔举高，雍容大度。地下一层10373.66m²，为停车库及设备用房，停车218辆。

(3) 宋街：为商业步行街，依地势而起，大体由绝对标高65.60～67.10m，街长约85m，总建筑面积6421.8m²。为2层商业街。二层由廊桥相连。设计尺度亲切合理，为营造宋代商业气氛，造型丰富且不失空间优雅尺度，街中布置三百六十行雕塑及休息坐椅，更是锦上添花。

(4) 元明清街：紧接宋街依地势而上，街长97m，由绝对标高67.10～69.10m，分2层，总建筑面积6090m²。造型为明清江南水街形式，封火山墙轻盈飘逸，白墙青瓦，黑楹素雕，颇有韵味，街中依次布置三百六十行雕塑，平面空间进退结合，二层有廊桥空中相连。与宋街之间亦在二层有廊桥相接。

(5) 清阁：清阁地上3层，局部4层，总建筑面积4015m²。清阁造型采用仙台楼阁式，筑高台，是下面的二层基座，二层之上为琼楼玉宇，是清阁的主体，也是商业群中的至高点。拾级而上，俯瞰全景，清阁造型雄浑而不失灵秀，飞檐翘角，双檐重迭，中央采用仙界攒尖，挺拔高耸，蔚为壮观。

(二)商住楼

1. 设计意念

(1) 在保持与周围环境、建筑相协调的前提下，充分利用居住建筑固有的造型要素，加强本住宅的个性和特色塑造。

(2) 采用"生态化、可持续发展"的设计理念及最新的设计思想，努力创造具有"品牌效应"的居住区，为开发商创造更多的"卖点"，为住户营造优质的居住环境氛围。

(3) 强调户型设计的紧凑、实用以及户型合并、改造的可能性，提高住宅的实用率及灵活性，以适应市场的需求与变化。

2．平面布局

总建筑面积23222.69m²，考虑到小区用地狭长，在总体布局采用单体联排布局，共分4段，从而在南面沿街立面上强调建筑完整性和协调性。

3．交通组织

(1) 动态交通组织

①步行交通　行人由小区道路进入，通过公共入口进入各自住宅单元门厅中。通过竖向交通进入各家各户。

②车行交通　机动车可在北部文化城进园B线及东部华龙路的入口进入商住楼区域，交通便捷。

③消防通道　由于文化城内设环行消防车道，可利用商住楼区域南面的消防环道作为消防灌救面，满足紧急消防情况下的消防扑救。

(2) 静态交通组织

商住楼区域B、C段建筑底层设自行车库，满足商住楼区域自行车停放要求。

4．单体设计

(1) 商住楼部分单体建筑为3段6层的联排商住单元组成，底层南面是面向园内中心的沿街商铺，北面是服务商业街及其住户的自行车库以及各住宅单元的出入口，二层以上建筑部分为住宅，因应不同需要设计不同的户型平面。

(2) 住宅户型简洁实用，每户都有良好的采光、朝向和通风，所有房间均方正实用。住宅内部以满足现代家居生活进行功能布局。同时兼顾传统的居住理念和生活习惯，所有厅房的开间、进深都考虑了家具的合理布置，厨房、卫生间的布置充分考虑了现代家庭生活的方方面面，空调、冰箱、洗衣机、热水器、排气扇、水、电、煤气管道都保证了妥善处理。

(3) 为与南面的园区中心的仿古建筑取得良好的呼应对话效果，建筑立面处理借鉴中国古典建筑中的美学思想及其手法，将首层商铺的立面统一在长城城墙的总体效果之中，以避免各商铺间因经营差异而引起的立面不协调效果，挑檐的设计及商铺的招牌位置均考虑到与整体环境呼应的关系，取材古典元素以构成设计。住宅部分作为整个园区背景，以素雅的色调为主，白色的墙面加上灰黑色的线条划分富有中国江南古建的韵味，简捷明快的线条构成更显谦逊和儒雅的中国文化之风采。

5．面积指标

建筑面积：　　　　　　　　　23222.69m²

其中：商铺面积：　　　　　　4030.00m²

　　　住宅面积：　　　　　　19192.69m²

　　　A 型单元(二房二厅)：71.50m²

　　　B 型单元(一房一厅)：41.00m²

　　　C 型单元(一房一厅)：45.40m²

四、景观设计

内街：玄武、亨通、亨运三个广场为建筑群的节点。玄武广场为主入口广场，屹立"时间就是金钱"16.2m构筑物，唐宫前两侧对称陈设12.8m高商代酒樽，广场两侧陈列1.8m直径历代名碗。汉门前移植风水树（大树）二棵。亨通广场是衔接唐宫与宋街，以货币造型图案铺设，宋街与元明街之间广场为开元通宝圆铜币造型图案；亨运广场则是两个圆形铜币相扣。内街仿古铺装中布置绿化，点缀三百六十行铸铜仿真人大小雕塑。

外街：最大特点是散植大树，确保游客能选择林荫通道，并有十二生肖图腾柱，仿宋石狮牌坊、古井、市招陈设；点缀与内街不同内容的三百六十行雕塑与古钱币铺砖。

三百六十行街景区总体鸟瞰图

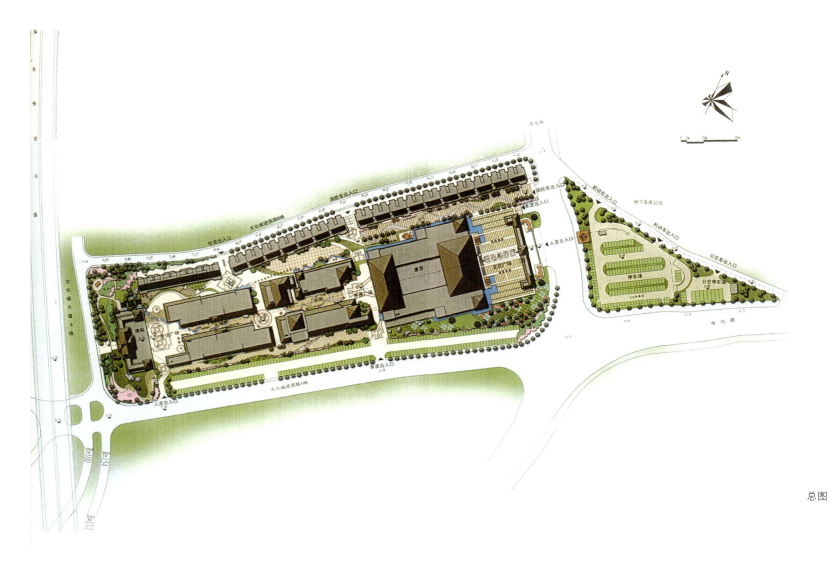

总图

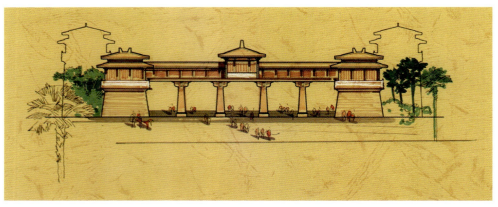

汉门正立面

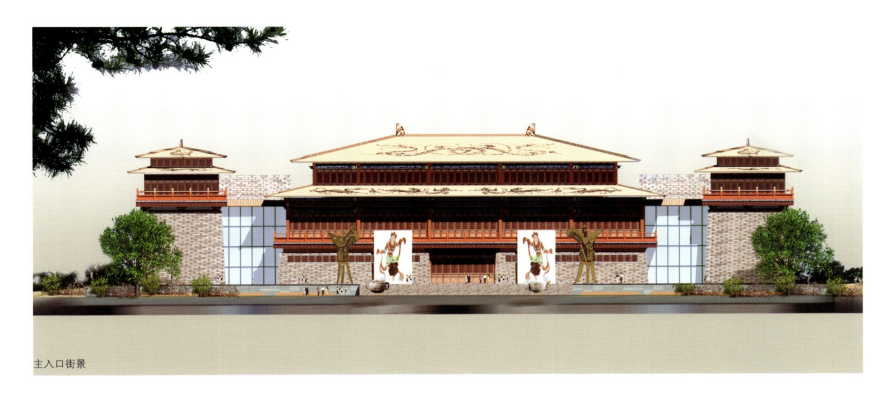

主入口街景

三百六十行街街景

商住楼街景

中国饮食文化城三百六十行街构思与设计

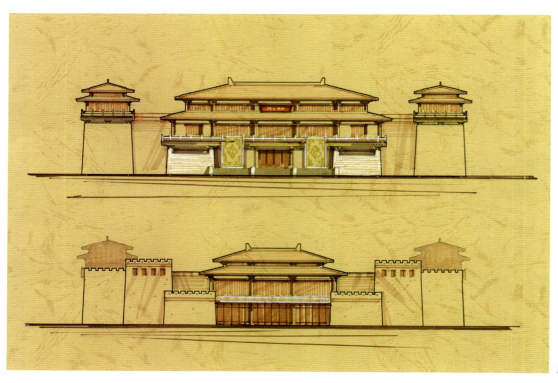

唐宫立面（一）

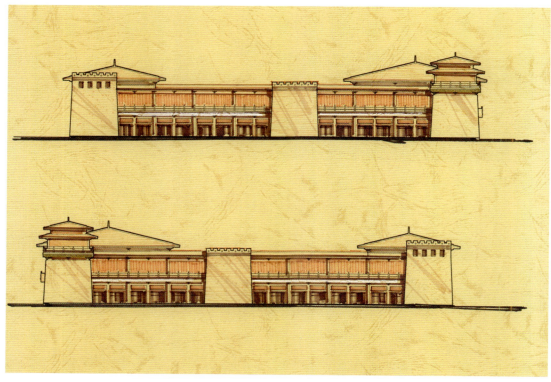

唐宫立面（二）

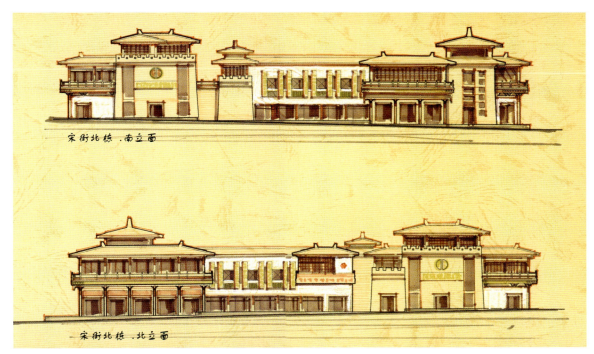

宋街立面（一）

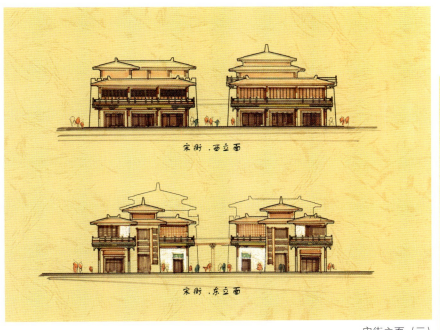

宋街立面（三）

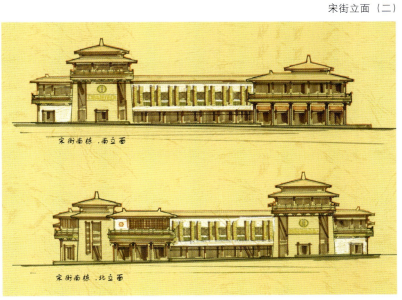

宋街立面（二）

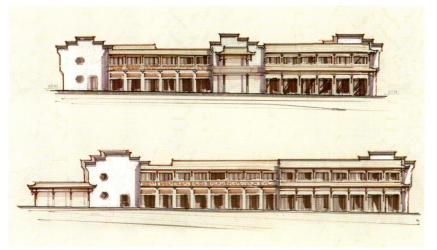

元明街立面（一）

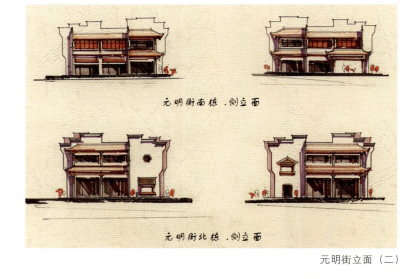

元明街南栋·侧立面

元明街北栋·侧立面

元明街立面（二）

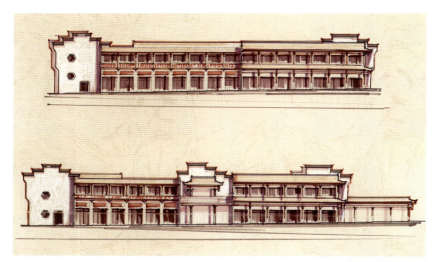

元明街立面（三）

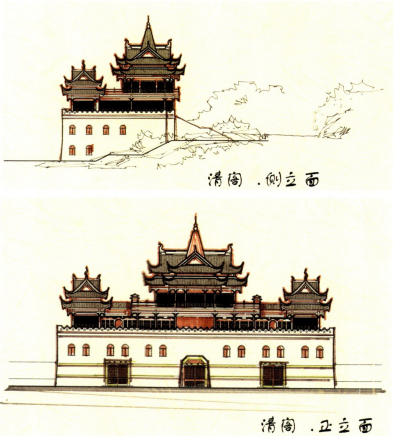

清阁·侧立面

清阁·正立面

清阁立面

 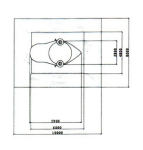  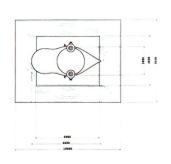

商代酒樽

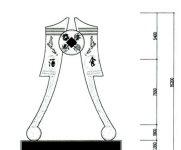 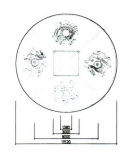 

时间就是金钱雕塑

图腾柱

石坊

狮门

环境小品

中国饮食文化城三百六十行街构思与设计

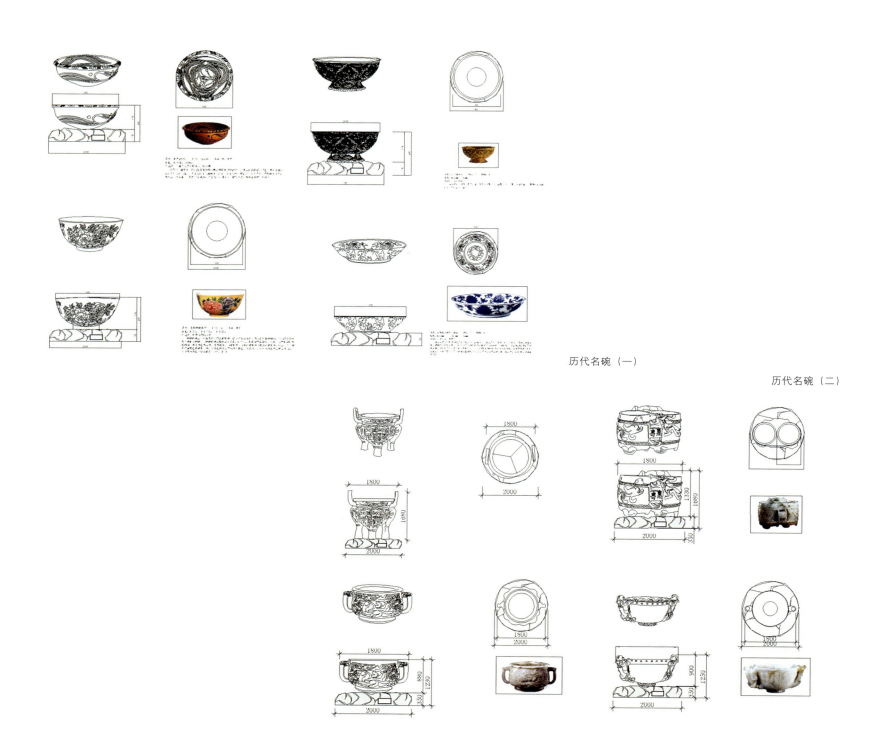

历代名碗（一）

历代名碗（二）

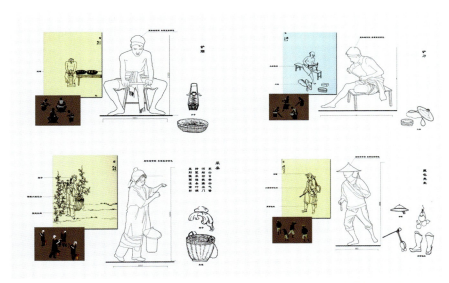

三百六十行雕塑（一）

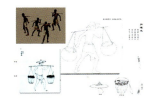

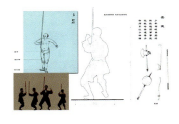
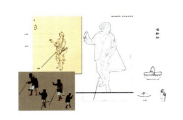

三百六十行雕塑（三）

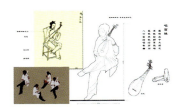

三百六十行雕塑（二）

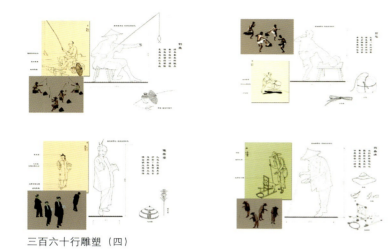

三百六十行雕塑（四）

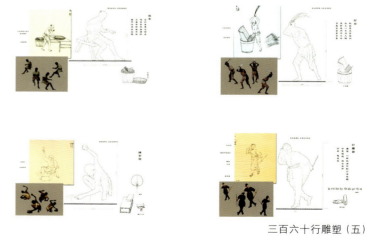

三百六十行雕塑（五）

华山旅游产业园区项目策划规划

一、规划区概况

(一) 基地位置

旅游开发区位于华山的北部山麓的华麓区地域内，主要由仙峪入口区（西区）、华峪入口区（中区）、黄甫峪入口区（东区）三部分组成，是华山风景名胜区的旅游服务基地。距华阴市区约6km。

本规划的范围：北至西潼高速公路以北1000m，南接陇海铁路，西至仙峪河以西500m，东至杜峪河以东观北村。面积约16.56km²。

(二) 社会经济状况

区内现状总人口20954人，其中农业人口6530人，非农业人口（包括暂住人口）14424人。

产业以第一产业和第三产业为主。玉泉办所辖行政村人均占有耕地0.55亩，人均水浇地仅0.39亩。2001年，人均纯收入1380元，人均粮食占有量为227.35公斤。适龄儿童辍学率为4.2%，文盲占总人数的15%。初步形成了小麦、肉牛、花椒、核桃、甜杏六大支柱产业及以华山旅游为龙头的华山村、华麓村等村的房地产开发业、商贸经营业。

华麓区全镇人口约15000人，商业店铺和永久户181家，临时户260家。1996年10月11日，玉泉办（原华山镇）被正式确定为我国西北地区第一个国家级社会发展综合试验区，1998年商业总产值突破亿万元，形成了具有一定规模的旅游街镇。

(三) 自然地理条件

1. 地形地貌

华麓区南面毗连华山山地，山高谷深，断崖高耸；北面是被称之为"八百里秦川"的渭河平原，一望无垠。该区是两者之间的山前洪积扇裙，地势南高北低，扇面宽3~4km，海拔350~400m，倾角3°~10°。

各洪积扇一般峪口最高，以峪口向东、北、西降低，各洪积扇东西相连成一个洪积扇裙，使总的地形呈东西向波状起伏。

2. 气候、土壤

(1) 气候　华麓区气候属大陆性季风气候区，四季冷暖干湿分明，冬季寒冷干燥，夏季酷热多暴雨，春暖干燥，秋凉湿润。年均气温13.7℃，无霜期208天。多年平均降雨量639.7mm，年际变化大，丰水年是枯水年的1.8倍，年内分配不均，一般7、8、9三个月降雨量占全年的60%以上，且多以暴雨形式出现，十年九旱。

(2) 土壤　属秦岭山前洪积扇平川地带，土壤保水保肥力差，属沙石土及耕作浪石土。平原第一带属黄土质褐土性的黄墡土。

二、开发条件

• 华山旅游现状概况

1. 接待机构

道教服务社、华阴外事办公室、华阴市旅游局、华山中国旅行社、利达旅行社、文教旅行社、金城旅行社等。

2. 接待服务设施

华山风景区拥有宾馆和大型饭店计18家，其中华麓区有12家；拥有中小型饭店总计158家，其中华麓区有152家，另外，华麓区有小旅馆53家。总计床位4620张，其中华麓区为3690张。旅游涉外星级宾馆一家。华麓区主要接待服务设施：华山旅游服务公司、华山宾馆（停业）、华山金融宾馆、华阴市公安宾馆、西岳饭店、莲花山庄、华阴市文教饭店、税务招待所、华麓饭店等。华山假日酒店正在建设中。

3. 旅游客源

目前来华山旅游以登山游览为主导目标的游客超过总数的90%。国内游客占绝大部分，入境游客全年不足3000人次。国内游客集中在陕、晋、豫近距离区域内，占游客总数的80%，其中陕西约占40%，河南约占25%，山西约占15%。

三、旅游业发展的宏观背景

1. 世界旅游业的持续发展趋势

(1) 旅游业是21世纪具有广阔发展前景的朝阳产业，并将成为世界经济发展的重要推动力。世界旅游组织预测，2010年中国将超过法国、美国、西班牙、意大利、英国而成为世界最大的客源接纳国，2020年中国还可能成为世界最大的国内旅游国。

(2) 世界旅游业的热点趋势之一是各种专项旅游增长很快，人们从过去单一的旅游目的逐渐向多元需求转变。其中以文化旅游为主题的专项旅游受到旅游者尤其是高层次旅游者的欢迎。来华的入境旅游者当中，文化层次越高则越注意旅游目的地的文化因素。根据国家旅游局《海外旅游者调查报告》显示，对中国的山水风光、文物古迹和民俗风情所产生的兴趣是一致的。如下表：

2. 我国战略中心的有力调整

目前我国经济发展的战略布局是经济中心由东南部向中西部转移。在西部大开发中，国家对西部地区基础设施及环境建设的大力投资，为西部的经济腾飞创造了有利条件，同时为西部地区旅游业的发展改善了环境条件。

3. 区域旅游业的主导产业地位确定

陕西省委、省政府已确定旅游业作为全省四大主导产业之一，确定华山风景名胜区为陕西旅游"八大景区"之一。

华阴市实施"旅游牵头，全面带动，旅游立市"的发展战略。旅游业初步成为华阴市经济持续发展的支柱产业。

4. 华山是华阴市旅游的核心

"以山兴城，以城促山，山城一体"促进当地经济、文化、生态、环境等各方面的协调发展。

借助"西安之旅"的龙头效应和"陕西之旅"的整体优势，推出"华山之旅"，并提高其品牌效应，扩大华山在全国旅游大市场中的市场份额。

四、华山旅游业现有弊端

1. 旅游内容单调，旅游产品单一

华山旅游长期始终以登山游览为主，对人文及相关的旅游资源未充分利用，未能形成多样化的产品系列，一般白天爬完山的旅客当天便离开华山。

2. 客源市场开拓不足，游客结构失衡

华山游客99%以上为国内游客，国内游客又以本省游客为主。

3. 当地资源利用不够

风景区内可作为特色旅游商品的资源丰富，但未能有效进行加工推向市场，同时亦缺少旅游商品生产基地。

1996年海外旅游者感兴趣的旅游资源　　　　单位：%

人群＼旅游内容	山水风光	文物古迹	民俗风情	文化艺术	饮食烹调	医疗保健	旅游购物	海滩	节庆活动	其他
全体	22.7	18.3	14.7	11.0	10.1	2.5	8.3	2.0	1.8	8.6
外国人	21.6	18.8	14.9	11.8	10.4	2.6	8.9	1.8	1.7	7.5
华侨	22.6	18.2	13.3	10.9	10.1	3.8	6.4	2.9	1.7	10.1
港澳同胞	23.9	15.1	13.4	9.4	10.4	2.3	8.0	2.4	1.8	13.3
台湾同胞	27.1	21.3	15.8	9.8	8.3	2.6	5.4	2.4	1.4	5.9

4.旅游服务设施总体水平较低,服务项目不完善。

五、开发条件

(一)有利条件

1.区位优势

本区位于华山山前,是游客上、下华山的必经之处,扼要冲而居,地理位置优越。

2.交通发达

陇海铁路、310国道、西潼高速公路穿越本区,构成了通往省、内外的交通网。能快速便捷到达西安、洛阳、运城、太原等地。

3.开发空间大

本区面积约16.56km²,是华山惟一拥有大面积平坦地的区域,可利用丰富的景观资源和地热资源开发华山文化旅游、民俗风情游、宗教旅游、风味饮食、修学旅游、中药养生、温泉保健等各类特色项目,将白天景区内的自然山水游与夜晚特色文化娱乐休闲项目结合起来,开发前景广阔。

4.旅游业有一定的基础。

(二)不利条件

(1)作为华山门户的华麓区布局零乱、各类建设用地混杂,无明确分区,其中一些用地与风景区性质相矛盾。

(2)文物古迹及其环境破坏严重。

(3)景区环境在建设中受到破坏,近年来有些建筑在选址、体量、高度、风格等方面与山麓整体环境不协调。

(4)旅游服务设施有一定接待规模,但缺少档次。

(5)交通及市政基础设施尚需完善和提高。

(6)经济基础仍较薄弱。

现村内经济仍以传统农业为主,养殖业品种单一,未发展特种养殖和旅游农业。

六、规划指导思想和发展目标

(一)规划指导思想

(1)以《华山风景名胜区总体规划》和《华麓区控制性详细规划》为基本依据,充分体现市政府"以山兴城,以城促山、山城一体"的发展战略。

(2)以地方文化和时代文化为内涵,高起点,高标准在项目与设施的开发上体现面向21世纪,顺应国际旅游发展整体趋势,发展新的经济增长点。

(3)以陕西民俗风情为基础,以华山文化为主题,营造祭华山、鼓华山、舞华山、吼华山、唱华山、写华山、画华山、吟华山、颂华山、望华山、游华山、梦华山的神山人文环境,"不到华山柱入秦"以此体现华山文化的精神特质。

(4)延绿引水,全面贯彻生态思想,体现生态体系,实现良性生态循环,倡导生态旅游时尚潮流,达到"身心合一、天人合一"的最高境界。

①自然、体验为主题创意。

②华山文化为纽带。

③大自然、大景观为主要环境特色。

④走进神山仙域,与仙山、仙洞、仙水、仙草、仙林、仙果、仙泉、仙人相伴,享受春安、夏泰、秋吉、冬祥四季健康人生的旅游活动为核心。

(5)本区开发采用整体规划、分区分期滚动开发的形式,以充分发挥资源的最大效益。

(二)发展目标

(1)自规划实施起五年内,本区项目与华山中心各景区项目形成互补关系,将其建设成为与之相辅相承的人文景观聚集地,并在此基础上自成体系,形成有特色、有竞争力的综合旅游经济开发区。

(2)自规划实施起三年内，将本区建成为布局合理、基础设施完善、环境质量优良、高品质的旅游服务基地，成为会议、度假和养生的"天堂"。

(3)以华山中心景区为基本点，在项目设置、节目的安排等方面做到"它缺我补、它无我有"，成为与中心景区并驾齐驱的吸引中外旅游大市场的游客的吸引源，进而两者结合作为华山风景名胜区的整体旅游产品，延长游客停留天数，刺激非基本旅游消费。

七、总体布局

（一）设计理念

(1)生态合和　强调华麓区与华山风景区整个生态环境的气象贯通，文脉融合。

(2)以人为本　强调人与自然的亲近和自然对人的净化。

(3)地域特色　通过地方风格建筑、道教宫观、民俗民情等多方位的展现，体现华山地域文化色彩。

(4)效益原则　通过对景观的可持续开发、利用、保护，达到经济效益、环境效益、社会效益的协调统一。

（二）布局结构

本区作为山上景区的延伸，在功能上承载游客的住宿、餐饮、娱乐、购物，在景观感知上与山上景观形成反差与互补，故本区规划力求达到功能强化、品味提高、声誉扩大，组织一系列流畅的景观单元，使自然景观和人文景观和谐地融合在一起。

整个布局可概括为："三轴"、"六区"、"四园"、"五心"、"三馆"、"二村"、"一场"、"一街"、"一院"。

(1)三轴：

景观主轴：即景观发展轴，沿310国道拓宽段向东、西两向延伸。

生态景观轴：顺河流南北向延伸，起到延绿引水之作用。

人文景观轴：玉泉路为通向华山主峰的"龙脉"，与之垂直的仙洞路为连接山前古祠长道，它们构成本区的文脉。

(2)六区：温泉休闲度假区、文体娱乐区、旅游管理服务区、无污染工业区（旅游商品加工、生产基地）、生态农业区、仙峪入口区。

(3)四园（苑）：民俗风情园、温泉乐园、西岳风采苑、道教圣地园。

(4)五心：温泉沐浴中心、玉泉湖垂钓中心、民艺中心、体育中心、购物中心。

(5)三馆：华山书画苑、华山博物馆、第四洞天（华山道教博物馆）。

(6)二村："秦川人家"民俗村、西岳温泉山庄度假村。

(7)一场：表演广场(鼓文化广场、秋千会、芯子广场)。

(8)一街：西岳食街。

(9)一院：环幕电影院。

（三）功能分区与项目设置

本规划区在空间布局上划分为六大功能区。

1.文体娱乐区

(1)民俗风情园　位于东区，占地面积约68.91hm^2，开展以华山地域庙会和传统节庆文化娱乐活动内容的场所。主要内容：

①秦川人家　由农家村舍、传统商铺和风味小吃三部分组成，村里有果园、菜地、磨坊、水井……，还有皮影戏台和皮雕作坊，是一处"干一天农家活、吃一天农家饭、做一天秦川人"的世外桃园。

②表演广场：

a.鼓文化广场：《史记·封禅书》"民间祀尚

有鼓乐舞，古者祀天地皆有乐，而神可得而礼之。"

"华燎，串旧褅用，三牢三受益。"

"串兹褅用，燎华，卯一牛。"

鼓，在我国起源很早，相传在五千年前的神农氏时代就有土鼓。

《礼记·明堂位》载："夏后氏之足鼓，殷楹鼓，周县鼓。"

华山脚下的华阴先民，在祭祀华山神灵时的舞乐活动仅仅流传下硙峪乡双泉村的素鼓，至今盛演不衰。

b.秋千会：以孟原司家村的秋千会为基础，专业表演定期定时举行，游客可即兴参与。

c.芯子广场：芯子游行表演与定点表演相结合。游行表演沿310国道由芯子广场可达体育中心。

其他民间表演：信天游、迷胡、秦腔等。

③ 民艺中心　展示华山地域"民间礼仪"、"民间工艺"、"民间娱乐"等民俗文化和民间艺术的场所。室内外设置表演、制作和交易的场地。

④ 环幕电影院　与鼓文化广场连成一片，向游客全面介绍华山风物等。

(2) 西岳风采苑　位于西区，占地面积约25.80hm²。

① 华山书画苑

地以山名，山因人名。从传说中的人文始祖轩辕黄帝屡临华山以来，华山就是社会名流、文人墨客向往的名山。他们登临华山，挥毫泼墨，华章盈箱，构成了华山绚丽多彩的华山文学。据统计，自古至今刊印流传的文学艺术作品，得吟咏华山的诗、词1800余首，散文500余篇。这些名篇艺术地表现了华山古今的风貌，是了解华山和研究华山珍贵而丰富的资料。同时他们也运用不同的艺术手段，创作了大量的绘画、书法、戏剧、曲艺、摄影等作品，其中不少为千古绝唱或传世佳作。这些源远流长的文学艺术作品升华了华山的自然美，使华山风景艺术更富魅力，为人们提供了一方神游华山的领域。

② 华山博物馆　综合性的博物馆，主要由地质馆、森林馆、人文馆等组成。

③ 玉泉湖　玉泉湖水面4.20hm²，湖岛相映，规划辟为垂钓中心，设钓鱼俱乐部和多类型的钓台，是一处优雅的休闲地。

(3) 体育中心　位于西区，用地面积约58.90hm²，用于开展古代和现代体育运动和全民健身活动。

① 赛马场（马球场）　马术、马球、细狗撵兔、武术等运动的比赛和表演场地，亦是"华山论剑"的舞台。

马球是唐代最盛行的体育活动之一，贵族、官吏、文人学士，以至女子都热衷于打马球，后世亦久盛不衰，至清代方成绝响。该运动在唐时传入日本。

② 迷你高尔夫。

③ 游泳馆。

④ 健身馆。

(4) 道教圣地。

以玉泉院为中心，仙洞路东连黄甫峪，西至仙峪的周围地段。主要项目：

① 第四洞天　开展华山道教文化的研究和游客修学，展示华山道教杰出人物和华山神仙故事，营造"神仙世界看神仙"的环境氛围。

a.太极广场与道教修炼；

b.诗词石刻与仙人足迹；

c.华山百草园和道教养生文化。

② 竹林公园。

③ 恢复"一柏一石一眼井"古迹原貌。

④ 延续书院文化历史，适当恢复云台观和云台书院部分有历史价值和有纪念名人（如陈抟、顾炎武等）意义的古建筑。

⑤ 恢复或重建十方院、太素宫、金渤院、紫微观、集灵宫、竹林寺、独鹤亭、二仙桥等古建宫观。

⑥ 朝山会 阴历三月十五日为华山道教盛会。
⑦ 滑草场 长150~170m，宽70~80m。

2.温泉休闲度假区

位于西区。主要项目如下：

(1) 西岳温泉山庄 用地面积约12.89hm²，山庄建筑突出汉中地域特色，以院落式为主，辅以窑洞、岩洞、巢居，共计床位近400床，并配有各种类型会议设施，以及多种餐饮、康体和娱乐项目。

(2) 温泉乐园 用地面积约48.00hm²。倡导"温泉是休闲、度假旅游"的理念，营造具有温泉文化内涵的"泡汤"环境，成为人们健康休闲、知己聚会的首选之地。

① 温泉沐浴中心 内设大众浴池、理疗按摩服务、茶室、酒吧、咖啡屋、娱乐厅等。

② 中华瑶池仙浴 药浴、花浴等养生"六福"汤池和香薰屋等。

③ 异国风情浴 日式浴、芬兰浴、土耳其浴。

④ 十里花溪 嬉水、泡汤、游泳的露天温泉。

3.旅游管理服务基地

位于中区，面积约63.20hm²。已有一定基础，有待提高整体水平，华麓区原则上不再新建宾馆、酒店等接待设施，只对现有设施进行改造与提高。

本次规划项目：购物中心，用地面积约3.29hm²。

(1) 购物商场 为本区大型购物场所。

(2) 西岳食街 集中体现陕西饮食文化特色，如"面条像腰带"、"锅盔像锅盖"、"辣子是道菜"、"泡馍大碗卖"、"不坐蹲起来"等。

4.无污染工业区

位于西部310国道以南的原工业区内，面积约12.20hm²。规划本区为有一定规模的旅游商品生产加工基地和批发中心。

5.生态农园

高科技农业园区主要分布在西潼高速公路两侧。

(1) 无公害蔬菜生产基地。

(2) 花圃。

(3) 苗圃 结合防护林种植。

(4) 名果园 黄梅、枣、柿、桃、苹果、酥梨、甜杏、沙果。

(5) 观光农园 体现渭河平原风光，亦为旅游发展的预留地，将来随着旅游业的发展，可逐步改变其传统种植结构。

6.仙峪入口区

用地面积2.32hm²。

(四)各项目主要技术经济指标

序号	项目名称		总用地面积（m²）	总建筑面积（m²）	建筑密度（%）	容积率	绿地率（%）
1	秦川人家	村舍	180800	21690	12.0	0.12	60.68
		商铺	62810	43860	29.56	0.70	23.19
		食肆	30000	22220	30.03	0.74	13.50
2	民艺中心		41600	5300	12.74	0.13	78.28
3	表演广场(鼓文化广场、秋千会、芯子广场等)		347540	6550	1.90	0.02	74.64
4	西岳温泉山庄		128900	32110	20.17	0.25	71.24
5	温泉乐园		480000	34610	7.21	0.07	83.63
6	西岳风采苑		299000	17000	3.85	0.57	67.00
7	体育中心		589000	20900	3.32	0.035	51.76
8	购物中心		32900	23680	39.03	0.72	16.11
9	第四洞天（竹林公园）		310800	5400	1.74	0.02	83.94

(五)景观要点

• 整体景观塑造

本区位于华山之阴,规划恢复林木葱郁、山溪穿流,古祠与山村掩映的景观特色,营造"山村古祠临长道,来往淹留为看山"、"两岸修竹夹云根,引入莲峰山下村"的古朴、自然、清幽的游览环境。

(1) 河道景观 采取人工防渗措施,保证华山峪河、黄甫峪河、仙峪的景观娱乐用水,并结合河道整治,种植水生、湿生植物,形成丰富的水体景观。

(2) 农田景观 小麦、油菜、花卉、毛驴、耕牛、农夫,一幅人与自然的融合、人向自然回归的画面。

(3) 果林 春花秋实,向人们展现四季迥异的景观。

(4) 素鼓、皮影、水磨坊、方位图腾 规划在表演广场、仙峪入口广场和休闲绿地中分别设置,使游人在惊奇的同时仿佛进入古老的世界。以此来唤醒游人回归自然之感和对自然的崇拜。

(5) 秦川人家、西岳温泉山庄、西岳食街 一处处民居村庄,自由的建筑布局,青瓦灰砖掩映在绿树丛中与山溪水畔,颇具"一去二三里,烟囱四五家"之神韵。

(6) 环幕影院、华山挑夫 荷花造型的环幕影院隐喻华山主峰状若莲花。《水经·渭水注》载:"其高五千仞,削成四方,远而望之,又若花状。"古"花"、"华"通用,故"华山"即"花山"。而那立在广场草地中的"华山挑夫"雕塑,则记载了古今多少"自古华山一条路"的故事。

(7) 道教宫观、老子入关、太极广场 在让游人感受道教文化的精深博大的同时,亦想探求益身养生之道,探索"返璞归真、回归自然"的长寿之理。

(8) 十里花溪、卵石 从泉眼里引出来的水形成曲折温泉溪流、涌泉、汤池、泳池、湍流、跌水等,它们与卵石、花草树木相互映衬,是宜人的亲水空间。

(六)农村居民点

对本规划范围内的农村居民点,按其人口变动趋势,划分为缩小型、控制型、搬迁型三种。

1. 缩小型

荆房村、黄甫村,由于大部分土地被征用,故在规划项目"秦川人家"进行安置。

(1) 秦川人家村舍 每户以 200m² 计,可安置 100 户。

(2) 秦川人家商铺、食肆 取 70% 的建筑面积用于安置,每户以 150m² 计,可解决 308 户。

"秦川人家"能基本解决荆房村、郝堡村、黄甫村和华山老村的农民因土地被征用的就业问题。

2. 控制型

位于生态农园区的农民居住点,如北洞村、南洞村、仿车村、华山新村、河南村等村庄。政府引导农民改变传统生态模式,调整产业结构,发展为第三产业服务的生态农业,控制现有居住地的用地规模。

3. 搬迁型

郝堡村、华山老村。

4. 新农村居民点发展用地

规划黄甫村作为农民新村的发展建设用地。

八、旅游开发规划

(一)项目分类策划

1. 民俗风情类

(1) 工艺品生产加工厂 耍货子(红货)厂、刺绣厂、皮雕石雕厂、门帘画厂、剪纸厂等。工厂原料就地取材,生产有当地特色的产品,进行规模生产。

(2) 民俗风情表演场 为各种民俗文化的显示提供广阔的场所,将不同类型的节目制作成专题专场,循环上演。专题设置如下:

① 民间艺术专题:

a.鼓舞乐：素鼓、腰鼓、绕旗锣鼓；

b.戏剧：皮影老腔、秦腔、东路迷胡；

c.信天游、情歌；

d.芯子。

② 民间体育专题：

a.秋千；

b.武术；

c.马球；

d.细狗撵兔。

2.娱乐休闲类

(1) 温泉乐园；

(2) 玉泉湖垂钓。

3.文化知识类

(1) 华山书画苑；

(2) 华山博物馆；

(3) 诗词石刻；

(4) 华山百草园。

4.华山道教

(1) 第四洞天；

(2) 华山道教建筑、造像、音乐；

(3) 华山道教饮食与养生；

(4) 华山全真派；

(5) 高道名隐与华山；

(6) 修学旅游；

(7) 道教功夫、太极寻源；

(8) 华山道教活动 华山古会（农历三月十五日）、"开光"法事仪式。

5.体育休闲类

体育中心。

6.传统节庆类

(1) 民间古会：①三月古会；②西峰庙会；③华山朝山会。

(2) 传统节庆 除夕、春节、元宵、清明节、端午节、中秋节、重阳节、祭灶等。

7.购物类

(1) 购物中心；

(2) 秦川人家；

(3) 民艺中心。

8.饮食类

(1) 西岳食街 临街设市立铺，有室内店堂挡风避雨，尤以夜排档、夜宵、夜茶等为重点，用以弥补华山夜生活的不足。

(2) 秦川人家 地道农家菜食，田园美食小炒。

9.生态农业类

(1) 无公害蔬菜基地；

(2) 名果园；

(3) 花圃；

(4) 养殖园。

10.居住工程类

(1) 西岳温泉山庄；

(2) 秦川人家。

(二)旅游线路

1.游览道路网

以拓宽的310国道为主干，联系各分区，分区内部通过次干道和小路而形成本区游览道路网。

2.通往山上景区的游线

由区内的次干道玉泉路、集灵路、仙峪路（暂名）分别与华山峪、黄甫峪、仙峪的上山道路连接。

3.滨水游线

华山峪河、黄甫峪河、仙峪河均设滨水游览小路。

九、道路交通规划

(一)对外交通

(1)310国道穿过本景区段北移，以减少过境交通对游览活动的影响。

(2)通过西潼高速、陇海铁路和310国道与本省和外省联系。

(3)通过华岳路、太华路与华阴市区联系。

(4)交通站、场：

①汽车站：华山汽车客运站；

②火车站：华山西站、华山站。

(二)内部交通

(1)改道后的原310国道段拓宽改造成为本区内主要游览道路，系人车分流的林荫道。

(2)通过环形游览道联系西岳庙、烽火台、魏长城及山下诸景点。

(3)交通方式：

①步行　为区内主要的交通方式；

②电瓶车交通　为区内重要的交通方式；

③自行车交通　为区内特色辅助交通方式；

④马车交通　为区内特色辅助交通方式；

⑤骑驴　为区内特色辅助交通方式。

(4)交通设施：

①交通工具　电瓶车、自行车、马车、驴等无污染交通工具；

②停车场地　机动车停车场、非机动车停车场及自行车、电瓶车和马车、驴临时停靠点；

③管理服务设施。

(5)道路分级：四级：

①主干道　贯穿联系主要分景区，主要供人行，可供少量车行；

②次干道　联系重要景点；

③支路　联系主要景点；

④小路　辅助支路，构成道路网。

十、绿化规划

(一) 原则

(1)以营造当地植被类型为基本原则。

(2)充分考虑常绿树与落叶树、乔木与灌木，绿色树种与有色树种的搭配，做到疏密得当，创造出特色鲜明的绿化空间。

(3)发展乡土树种、特有树种、观赏植物，提高景区的规划效果、价值和特色。

(4)珍惜古树名木。

(二)规划内容

1.植被规划

(1)防护林　以成片的植被景观为基础，防护林与生产苗圃、花圃结合。

(2)公共绿地　结合公共绿地的功能要求，达到遮荫、美化、季相明显效果。

(3)庭院绿地　坚持观赏花木与遮荫乔木季相变化相结合，常绿品种为基调的绿化空间，层次变化的群落栽植，季相变化的色彩设计。达到四季常青、四季有花。

(4)健康林　从朝元洞至仙姑观这一带状绿地，结合道教的益生理念，成片种植有益身心健康的树种，同时兼顾景观效果，保留并扩大原有的竹林。

(5)生态农业　种植小麦、油菜、果树等，形成鲜明色块效果并产生一定的经济效益，使经济与观赏相结合，形成特色田园风光区。

2.树种选择

(1)乔木：雪松、华山松、侧柏、大叶女贞、法国梧桐、垂柳、国槐、刺槐、毛白杨、香椿、七叶树、柿树等。

(2)灌木：铺地柏、陕西卫矛、石楠、桂花、黄杨、碧桃、樱桃、海棠、梅、丁香、紫荆等。

(3)经济果树：柿树、苹果、枣、核桃、杏、桃等。

(4)藤本：葛藤、紫藤、藤本月季、薜荔、凌霄、扶芳藤等。

(5)草地：沿阶草、麦冬、马蹄金、白三叶及各类冷季型草。

(6)四季观花观果

春：春鹃、迎春、玉兰、紫荆、垂丝海棠、桃、樱花、丁香。

夏：石榴、莲花、荷花、合欢、紫藤、凌霄、紫薇。

秋：桂花、火棘、枸杞、蜀葵。

冬：梅、腊梅。

十一、投资估算

策划项目投资估算表

序号	项目名称	规模（m²）	估价（万元）	备注
一、	秦川人家			
1	村舍			民俗风情园
	建筑	21690	2602.80	
	道路、铺装场地	21900	657.00	
	绿地	109710	274.30	
	环境小品		100.00	
	不可预见费		721.42	
	小　计		4328.52	
2	商铺			民俗风情园
	建筑	42860	6429.00	
	道路、铺装场地	37910	1137.30	
	绿地	6910	17.28	
	环境小品		300.00	
	不可预见费		1576.72	
	小　计		9460.30	
3	食肆			民俗风情园
	建筑	22220	3333.00	
	道路、铺装场地	17650	529.50	
	绿地	4050	10.125	
	环境小品		50.00	
	不可预见费		786.165	
	小　计		4708.79	
	合　计：1+2+3		18497.61	
二、	表演广场			
1	表演区（鼓文化广场、秋千会、芯子广场）			民俗风情园
	环幕电影院	2000	800.00	
	其他建筑	4050	486.00	
	道路、铺装场地	83090	2492.70	
	绿地	250700	626.75	
	环境小品		500.00	
	不可预见费		981.09	
	小　计		5886.54	
2	休闲广场			民俗风情园
	铺装场地	4000	41.75	
	绿地	8700	21.75	
	环境小品		30.00	
	不可预见费		18.70	
	小　计		112.20	
	合　计：1+2		5998.74	
三、	民艺中心			
	民俗馆（含室内表演厅）	5300	795.00	民俗风情园
	道路、铺装场地(含表演广场)	11500	345.00	
	绿地	24800	62.00	
	环境小品		200.00	
	不可预见费		280.40	
	小　计		1332.40	

续表

序号		项目名称	规模（m²）	估价（万元）	备注
四、		停车场			
		铺装场地	30000	900.00	①汽车营地
		管理建筑、汽车美容中心	1500	225.00	②大型公共停车场地
		绿地	38300	95.75	③汽车配件、修理、洗车等
		不可预见费		244.15	
		小 计		1464.90	
五、		西岳温泉山庄			
		建筑	32110	4816.50	
		道路、铺装场地	25058	751.74	
		绿地	91600	229.00	
		环境小品		200.00	含停车场
		水景工程	1930	57.90	
		不可预见费		1211.028	
		小 计		7266.168	
六、		温泉乐园			
		温泉沐浴中心	28100	9835.00	
		其他建筑	3010	451.50	
		道路、铺装场地	33960	1018.80	含停车场
		绿地	401410	1003.525	
		环境小品		300.00	
		水景工程	9760	292.80	
		不可预见费		2580.325	
		小 计		15481.95	
七、		西岳风采苑			
		玉泉湖			
		钓鱼俱乐部	1100	198.00	
		钓台		160.00	
		道路、铺装场地	37600	1128.00	含停车场
		地形改造		20.00	
1		绿地	198300	495.75	
		环境小品		300.00	
		水景工程	42000	1260.00	
		不可预见费		659.25	
		小 计		4274.10	
		华山博物馆			
		建筑	10100	4040.00	
		铺装场地	2000	60.00	
2		环境小品		50.00	
		绿地	1000	20.00	庭院
		不可预见费		834.00	
		小 计		5004.00	
		华山文化研究院			
		建筑	4540	1100.00	
		铺装场地	1200	36.00	
3		绿地	1000	20.00	庭院
		环境小品		150.00	
		不可预见费		261.20	
		小 计		1567.20	
		合 计：1+2+3		10845.30	

续表

序号	项目名称	规模（m²）	估价（万元）	备注
八、	体育中心			
1	赛马场（马球场）			
	场地	79200	2376.00	含铺草坪
	建筑	3370	674.00	
	看台、主席台	5800	1160.00	
	道路、铺装场地	43000	1290.00	
	绿地	156420	391.05	
	不可预见费		1178.21	
	小 计		7069.26	
2	迷你高尔夫球场			
	高尔夫球俱乐部	2300	460.00	
	球道		20.00	迷你高尔夫
	高尔夫训练场	35000	700.00	
	道路、铺装场地	35250	1057.50	含停车场
	绿地	100210	250.525	
	不可预见费		497.605	
	小 计		2985.63	
3	健身广场			
	游泳馆	6000	2400.00	
	健身馆	4100	1640.00	
	室外健身场地	10300	309.00	含其他铺装地
	绿地	48250	120.625	
	环境小品		50.00	
	不可预见费		903.925	
	小计		5423.55	
	合 计：1+2+3		15478.44	
九、	购物中心			
	购物商场	8600	3440.00	
	西岳食街	15080	2262.00	
	道路、铺装场地	18900	567.00	含停车场
	绿地	5300	13.25	
	环境小品		200.00	
	不可预见费		1296.45	
	小计		7778.70	
十、	第四洞天（竹林公园）			
	客观建筑	5800	1740.00	
	道路、铺装场地	32100	963.00	
	滑草场	12800	384.00	
	绿地	260900	652.25	
	环境小品		400.00	
	不可预见费		827.85	
	小计		4967.10	
	总计：（一）+（二）+……+（十）		89111.308	

附注：1.本估算未计征地、折迁、补偿、安置等费用；
　　　2.本估算未计各类建设税费等。

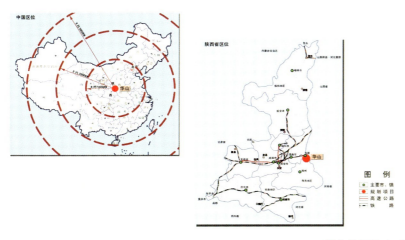

区位分析图（一）

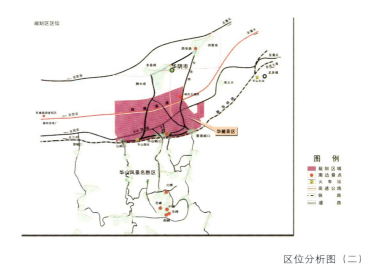

区位分析图（二）

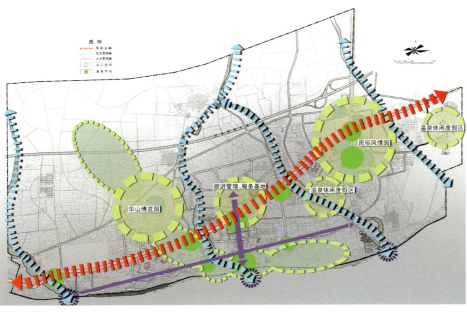

结构分析图

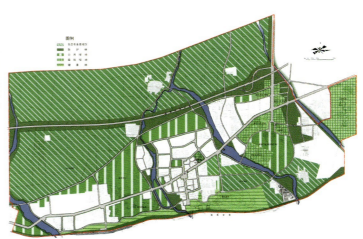

绿化规划图

华山旅游产业园区项目策划规划

总平面布置图

秦川人家商铺

鼓文化广场效果图

民俗表演（一）

露天演出广场

鼓文化广场　民俗表演（二）

华山旅游产业园区项目策划规划

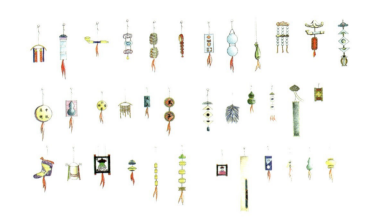
秦川风情

环境小品

华山旅游产业园区项目策划规划

民俗风情园——表演广场（鼓文化广场、秋千会、芯子广场）平面布置图

表演广场平面布置图

民俗风情园——民艺小品（一）

民俗风情园——民艺小品（二）

游憩道路景观

温泉乐园——温泉浴（一）

温泉乐园——温泉浴（二）

温泉乐园效果图

岩居 巢居 窑洞

西岳温泉山庄效果图

环境小品

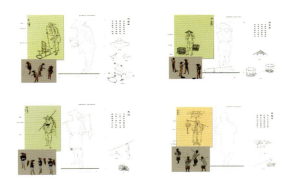

华山旅游产业园区项目策划规划

西岳风采苑效果图

西岳风采苑——玉泉湖风光（一）

西岳风采苑——玉泉湖风光（二）

华山旅游产业园区项目策划规划

道教圣地平面布置图

道教圣地平面布置图

道教圣地——诗词石刻

道教圣地——竹林公园

道教圣地——第四洞天效果图

体育中心——跑马场风光

生态农园

河道景观规划示意图（一）

河道景观（一）

河道景观（二）

河道景观规划示意图（二）

关公故里旅游区关帝圣像景区规划与武圣大道设计方案

一、概况

(一)基地位置
本规划位于山西省运城市解州镇常平村南端。

(二)用地范围与面积
关帝圣像景区系关公故里旅游区的一部分。本规划用地范围北至常平村南150m，南抵中条山北麓，东西两向分别以村道为界，总面积约84hm²。该地域系关帝圣像景区中的山下部分。

(三)自然地理条件
1.地形、地貌

本规划区所处地域地形基本无起伏，地势南高北低，南端平均海拔高420m左右，北端平均海拔高351.5m左右，场地南北向平均坡度6.5%左右。

2.气象、水文

运城市属暖温带大陆性季风气候，四季分明，阳光充足，年均降水量564mm，年平均气温为13.6℃，无霜期207天左右，年主导风向为东南风。

地震基本烈度为7度。

中条山北麓有一条呈南北向的山沟曰石盘沟，沟内泉水终年不息，沿石盘沟流至山北平地，平均流量为0.02m³/s，水质清澈甘甜，泉水中含30余种微量元素。

规划区内有水井四眼，景区旁有水井四眼，8眼给水井深度40～113m不等，有5眼井使用1.5号泵，出水量15m³/h，其余3眼井使用2号泵，出水量为20m³/h。

3.植被

本规划区无天然植被，除少量耕地和果林外，其余以荒地为主。

(四)社会经济状况
用地范围内有关亭滩林场、关公故里花木有限公司、关帝影视城和王家窑新村。关帝影视城占地面积50亩，2000年建。

(五)道路交通
1.对外交通

交通便利，距运城市及解州镇均为10km，运解旅游公路邻本规划区南端沿东西向穿行，该公路系三级路，现已开通公交汽车。通过运解旅游公路，关帝圣像景区与运城市区和解州镇两地连通，并由市内通往全省各地以及邻省主要旅游区。

运城市拟在常平村村南建设环城高速公路，预计2006年通行。届时，关公故里与周边旅游区的联系将更为便捷。

2.区内道路

战备路横贯园区东西，另有一条道路南端起始于运解旅游路，北抵关帝影视城，关公家庙前有一条通往石磐沟的山道，山道直达关氏祖茔。

(六)市政基础设施
关帝影视城已建10/0.4kV中心变电所高压配电柜和供水管网已基本建成。

二、旅游开发建设条件

(一)有利条件
1.区位条件

(1) 旅游交通区位优势 毗连城市，交通便捷通畅，方便国内外游客进出。

(2) 旅游市场区位优势 该区属关公故里旅游区的一部分，该旅游区是运城市重要的旅游点之一；运城地处黄河金三角地带，客源丰富。河东独特的文化旅游产品和典型的东方文化特色对省内外游客，乃至境外的游客产生巨大的吸引力，拥有大量的潜在旅游者。

2.旅游发展条件

(1) 启动依托条件：

① 关公文化在国内外以及海内外华人中和东南亚国家影响很大，崇拜关公者众多，关公故里的关公文化旅游具有高品味的品牌效应。

② 关公文化旅游区已现雏形，游客稳定增长，具有开发建设本项目的良好基础。

③ 运城市关公故里旅游资源开发有限公司的接待与管理已积累了一定的经验，启动条件优越。

(2) 资源构成与特色：

① 关氏祖茔、关公家庙、关帝祖庙是关公文化的精髓，具有惟一性和不可替代性。

② 运城古为河东郡，河东地区是华夏文明的渊源，是中华民族的根祖之地。

③ 以河东圣贤、名流、胜迹为代表的河东文化成为其有别于其他地域文化的显著特征。

(3) 关公庙会、关公文化节　关公一生以忠义仁勇受到世人的无比崇敬，成为民间崇拜、众生敬奉的神明，祭祖拜庙之风遍及海内外而久盛不衰且代代相传，可谓"庙宇遍天下，无处不焚香"，已积淀成一种稳固的汉民族文化心理。明、清时代，解州每年的农历四月初八关公庙会集祭祀关帝、商贸活动、物质交流、文化娱乐为一体。1996年后关公庙会更名为"关公文化节暨经贸洽谈会"，改革开放以来，通过连年举办的13次关公文化节及其他关公文化活动，解州关帝庙名扬四海，关公文化走向世界。

(4) 旅游产品互补　本规划区背踞中条山关氏祖茔、毗邻常平关公家庙、解州关帝祖庙和平陆周仓故里，能起到填补和丰富关公文化旅游产品类型的作用。

(二)不利因素

(1)生态环境较脆弱。

(2)规划区内地形、地貌缺少变化。

(3)植被单一。

三、规划指导思想、规划期限与发展目标

(一)规划指导思想

(1)以关公文化为内涵，高起点、高标准打造面向21世纪的旅游产品，突出体验、参与、互动的特性。

(2)本规划区系关帝圣像景区的一部分，其开发建设遵循功能互补、协调统一的原则，成为一处游客寻觅关公春秋大义和祭祖拜庙的旅游热点。

(3)全面贯彻生态思想，建设稳定的生态体系，营造有绿荫、花草树木的绿地环境。

(4)统筹规划、分期建设、滚动发展。

(二)规划期限

规划期限至2008年，分三期实施：

2004年　　　　　一期

2005～2006年　　二期

2007～2008年　　三期

(三)发展目标

1.功能定位

以文化、休闲、娱乐为主的旅游功能，我国关公文化研究基地。

2.形象定位

"关公故里，忠义之都"。以"忠义之都"定位本旅游区，其理由如下：

(1) 河东"忠义文化"底蕴深厚　春秋时期，介子推"割股奉君"，竭尽忠君之道，弃禄不仕而为后世人纪念，有了流传至今的"寒食节"。

程婴藏孤的悲壮义举演义成戏曲《赵氏孤儿》被不断搬上舞台而长盛不衰，并在海内外广为传播，如此悲壮义举得到中西文化共同认可。

（2）关羽一生忠义、守信为万世共仰 关羽文化内涵着中华文化的伟大品格，体现大气浩然的中国精神，成为跨越时代和国界的文化资源。

（3）武圣关公出解梁 故里荟萃了"武庙之冠"的解州关帝祖庙、关公家庙、关氏祖茔、关公部将周仓故里等，具有深厚的文化底蕴，这种地理位置和优势别处无可替代，可以打造成旅游绝品。

3.客源市场定位

以本市和本省的客源市场为基础，面向周边地区及国外游客客源市场，注重吸引京津沪及东南沿海地区的客源，逐步形成多元化的客源格局。

一级市场：近期以运城市为中心，辐射至周边县、市及陕西、河南方向的游客为一级市场。远期上升至东南沿海和京津等地区游客。

二级市场：省外各大中小城市、港、澳、台地区、东南亚国家及其他国外游客。

4.旅游区建设目标

打造山西旅游第一品牌，建设国家级4A级旅游景区。

四、总体布局

（一）设计理念

(1)延山引水 构筑山水骨架。

(2)相融共生 以静态、动态、宏观、微观的文化载体诠释关公文化，创造亲临其境感受关公文化和精神的场所，使自然元素与人文元素和谐共存。

(3)时代精神 以现代视角审视传统文化，以现代品味理解表达传统，采用高性能材料和数码技术突出21世纪高科技时代特征，营造动感、活力、休闲的新时尚旅游产品。

（二）地形利用与竖向规划

1.改造地貌，延山引水

（1）延山 对山下大片平地做微地形处理，以造湖之土堆山呈延山之势，并利用地形分隔空间。

（2）引水 引石盘沟溪水形成纵贯南北园区的水系，沿途形成溪、瀑、湖、河、潭、泉、滩俱有的动态水景景观。

（3）本规划区大部分为缓坡的自然地形，通过地形处理后，在云梦泽湖畔和主道路两侧形成少量平坡，云梦泽南岸的岸线以石壁为主；云梦泽西面和管理区与神马乐园之间有高度为3～5m的土山。

2.竖向控制标高点

入口广场、战船广场、忠义广场与云梦泽湖底和岸顶标高。

（三）布局结构

本区作为山上关帝圣像游览区的延伸，在功能上承载游客的娱乐、休闲、餐饮、购物、观光，在景观感知上与山上景观形成反差和互补，故本规划力求达到功能强化、品味提高、内涵丰富，组织一系列流畅的景观单元。

空间布局可概括为：两轴、三区：

两轴：纪念轴 关公家庙—武圣大道—关帝圣像—关氏祖茔。

山水轴 中条山—石盘沟—云梦泽—捞刀河—马跑泉。

三区：休闲区、娱乐区、管理区。

（四）功能分区与项目配置

1.出入口布置

设置出入口三处。主入口衔接待建的运城市环城高速公路；次入口两处，一处由运解旅游路进入，一处位于战备路与西面的规划界线相交处。

2.功能分区与项目配置

本规划区划分为七大功能区：入口区、武圣大道、中都风情区、义贯千古区、千秋人杰区、三国乐园和管理接待区。

(1) 入口区　系指本规划区北向入口。总计面积3.39hm²。主要项目：

① 主入口广场　位于园区中轴线上。面积5300m²左右，游客主要集散地，布置有入口标志、树林和嵌草铺地，旅游区导游图和简介等嵌入围墙墙体。

② 次入口广场　位于主入口的西侧，规划保留现通往关帝影视城的道路。该广场面积2000m²左右，嵌草铺地。

③ 停车场　位于主入口东西两侧，总面积14300m²左右，环保生态型停车场，其中机动车停车场面积10700m²左右，供旅游大巴和小车停放；非机动车停车场面积700m²左右；市公交车、出租车和中巴以及摩托车停靠场地计面积2900m²左右。

④ 洗车场、服务站　设洗车台两处，服务站三处。

⑤ 入口区主要技术经济指标、用地平衡表与规划建设项目表：

主要技术经济指标

总用地面积	33900m²
建筑用地面积	300m²
建筑总面积	287m²
建筑密度	0.88%
容积率	0.0085
绿地率	30.28%

用地平衡表

名　称	面积（m²）	占总用地（%）
总用地	33900	100.00
其中：道路、广场用地	9040	26.66
停车用地	14300	42.18
建筑用地	300	0.88
绿化用地	10360	30.28

规划建设项目一览表

序号	名称	规模	备注
一、	停车场服务设施	300m²	配设公共厕所一处，140m²；管理亭三处，售票亭一处
二、	道路及铺装场地	9040m²	
1	主入口广场	5400m²	
2	次入口广场	2100m²	
3	道路	1540m²	
三、	停车场	14300m²	环保生态型
1	机动车停车场	10700m²	
2	非机动车停车场	700m²	
3	其他	2900m²	公交车、出租车、摩托车、中巴车
4	洗车台	2处	
四、	武圣门		牌坊
五、	雕塑"挡众"	1座	
六、	导游牌等		
七、	绿化	10260m²	

(2) 武圣大道　面积20.336hm²。

本规划区主要景观轴线，以关羽威震华夏的卓著战绩，展示关羽英勇盖世的武将形象，人行其上可以感受到关羽神奇、勇武的大将风度和深厚的文化氛围。

武圣大道由武圣门至大祭台，长约1150m，宽50m，该大道贯穿园区南北并形成多处开阔空间，为各类纪念关羽的活动提供场地。武圣大道是一条步行道，表达祭拜关公的虔诚之心。

① 空间布局　该大道空间布局分为三部分：

第一部分：千古圣人、神马迎宾；

第二部分：显赫战功、浩气英风；

第三部分：春秋之旨、独得其宗。

② 5个节点广场：

由武圣大道串起5个节点广场。规划以赤兔马、青龙偃月刀、汉寿亭候印、战船和《忠义经十八章》这些与关羽紧密相关的重要事物作为广场标题，以此纪念关羽智勇双全的一生。

A.神马广场　该广场起承上启下的作用，与山上的关帝圣像遥相呼应。创造马奔水溅、鼓乐齐鸣的环境氛围,迎接来自五湖四海的朋友。面积约12000m²。

  a. 雕塑"挡众" 维护古制,表达崇敬。
  b. 武圣门 以汉阙为蓝本设计,售票兼值班等。
  c. 礼炮泉。
  d. 图腾柱。
  e. 马跑泉。
  f. "车马出街"镂空雕壁。
  g. 林荫广场。
  h. 游客中心。
 B. 青龙偃月广场 面积约1500m²。
  a. "关羽光辉"构筑物浮雕。
  b. 沙场遗迹。
  c. 笛鼓齐鸣。
  d. 得德门。
  e. 休息部、小品等。
 C. 吉印广场 面积约3000m²。
  a. 青龙偃月刀雕塑。
  b. 吉印雕塑。
  c. 战鼓二组。
 D. 战船广场 面积10000m²。

该广场与云梦泽连成一体。关羽征战水乡几十载,"单刀赴会、水淹七军"胆识过人。

由几十艘战船组合成水上广场,战船与绿地上的船帆、栈桥上的桅杆创造气势恢宏的关羽时代的水战环境氛围,亦是大型水上表演活动的场地和金秋大祭的主广场。

  a. 战船、战旗。
  b. 群雕故事墙。
  c. 铺装 兵法为题。
 E. 忠义广场 面积3500m²。

关公文武双全,曾写下《忠义经十八章》,该广场规划以《忠义经十八章》为题,表达关羽至大至刚,志在春秋的道德精神。广场三级组成:第一级方便乘电瓶车的游客便捷进入其他景区游览;第二级建回音壁,游客在此可倾吐心声并得到回应;第三级为大型台式花地,布置浮雕墙,上刻忠义经,在此感悟关羽忠义之魂。

 ③ 祭台 由忠义广场拾级而上便直达大祭台,祭台三级组成,依地形而建,便于室内和露天祭祀活动。
 ④ 游憩地:
  A. 疏林草坡 置巨石,大地景观艺术。
  B. 桃林 寓刘、关、张"桃园结义"之意,林中置3～5组三国道具,如指南车、头盔等。
 ⑤ 桥:
  A. 长桥、栈桥 位于中轴线,系武圣大道的组成部分。长桥长约100m,宽12m,栈桥分设其两侧。
  B. 烟波桥、水月桥 位于天心岛南、北两向。
  C. 跃马桥 位于檀溪。
 ⑥ 武圣大道主要技术经济指标、用地平衡表与规划建设项目表:

主要技术经济指标

总用地面积	203360m²
建筑用地面积	2700m²
建筑总面积	2800m²
建筑密度	1.33%
容积率	0.014
绿地率	62.43%

用地平衡表

名称		面积(m²)	占总用地(%)
总用地		203360	100.00
陆地		182400	89.69
其中	园路广场	52750	28.92
	建筑用地	2700	1.48
	绿化用地	126950	69.60
水体		20960	10.31

(3) 中都风情区 面积7.88hm²。

运城史称中都,与西都西安、东都洛阳齐名。山雄、水阔、地灵孕育出一位千古圣人——关羽。

本区是河东的地方特色,规划以静态展示、动态感受和趣味性相结合,引导游客走进与河东百姓息息相关的街巷风景、世俗万象和行业百态之中，体味河东厚重的民风、绚丽多彩的民俗文化之魅力。

主要项目：作坊村、十三街、民俗广场、梨园与购物街。

① 作坊村　传统手工作坊和百工杂匠等河东老行当，如刺绣、云雕、澄泥砚、面塑、豆腐坊、铁匠铺、酱园、编织、剪纸等，作为与加工业相结合的特色作坊，制作旅游商品和纪念品，供游客观摩和参与生产的全过程或部分过程，让游人一"试"为快。

建筑面积3000m²，1层，一般为前店后坊形式。街道上布置三百六十行雕塑。

② 十三街　荟萃河东名吃和风味小吃，体现河东特色饮食文化。

运城地区由十三个市、县组成，故以"十三"为街名。建筑面积5800m²，1～2层。

③ 旅游纪念品购物街　建筑面积1800m²左右，室外布置"晋币走廊"，或铺地，或景观小品。

④ 民俗广场　为各种民俗文化表演提供广阔的室内外表演场所。节日庆典、民间社火、民间体育、人生礼仪、岁时节令、民间游艺、信仰、婚俗、寿俗中特有的习俗等都可以作为素材加以制作显示于游人，同时游客可以亲临其境参与活动，还可以当一回名符其实的主角。

A.鼓乐广场　面积约1200m²，大型表演和观众参与活动相结合。

《史记·封禅书》"民间祀尚有鼓乐，古者祀天地皆有乐，而神可得而礼之。"

山西民间锣鼓被誉为"中国第一鼓"，绛州鼓乐已占中国音乐史上显赫地位。至今长盛不衰。

以鼓、鼓棒等作为休息设施、景观小品的创作元素。

B.笑话广场　面积约300m²。万荣笑话，久负盛名，是河东地区极富特色的民间口头文学。

C.民间绝技、绝活表演广场　面积约350m²，面塑、剪纸等均可作为景观小品。

D.民艺馆　建筑面积1500m²，展示河东地区"民间礼仪"、"民间文艺"、"民间娱乐"等民俗文化和民间艺术的场所，室内外设置表演、制作和购物的场地。

⑤ 梨园

A.戏台　两处，总计面积600m²。以演"三国戏、关公戏"为主，蒲州梆子、锣鼓杂戏、京剧和其他剧种轮流献艺。

B.戏院　建筑面积2300m²左右，庭院中置2～3组戏曲道具小品。

⑥ 中都风情区主要技术经济指标、用地平衡表与规划建设项目表：

主要技术经济指标

总用地面积	78800m²
建筑用地面积	19000m²
建筑总面积	15000m²
建筑密度	24.11%
容积率	0.19
绿地率	50.63%

用地平衡表

名称		面积（m²）	占总用地（%）
总用地		78800	100
陆地		78300	99.37
其中	园路广场	11200	14.30
	停车场	1700	2.17
	建筑用地	19000	24.27
	绿化用地	46400	59.26
水体		500	0.63

规划建设项目一览表

序号	名称	规模	备注
一、	道路及铺装场地	11200m²	
1	道路	9350m²	
2	绝技绝活表演广场	350m²	
3	鼓乐广场	1200m²	
4	笑话广场	300m²	
二、	停车场	1700m²	
三、	十三街	5800m²	配设公共厕所1处
四、	作坊村	3000m²	

续表

序号	名称	规模	备注
五、	购物街	1800m²	配设公共厕所1处
六、	梨园		
1	戏院	2300m²	
2	戏台	600m²	2处
七、	民俗广场		
1	民艺馆	1500m²	配设公共厕所1处
2	民俗表演广场		绝技绝活表演广场、鼓乐广场、笑话广场
八、	雕塑小品	12～15组	三百六十行雕塑、鼓、戏曲道具等
九、	绿化	46400m²	
十、	水体	500m²	

(4) 义贯千古区 面积14.79hm²。

《论语·为政篇》："人而无信，不知其可也"。

《孟子·告子上》："舍生而取义者也"。

《论语·里仁》曾子曰："夫子之道，忠恕而矣"。

本区以关羽及与其相关的人、物、言、事等场景为主线突出关羽"有身终为豫州死"的一生，展示关羽"天同心如镜、春秋义薄云"，"对国以忠、待人以仁、处事以智、交友以义、作战以勇"的伟岸形象和恪守信义的道德情操。

主要项目：故土园、忠义园、梦幻水乡。

① 故土园：

a. 少年关羽雕像以及仗义除恶、指关为姓的传说。

b. 水车、石磨等农具小品。

② 忠义园：

设置忠义园，旨在让游客在其中触摸自己心目中的关羽并重温熟悉的三国故事。

A.春秋苑 《春秋》石刻、关羽读《春秋》、古人十读图铺装

B.浩气园：

a. 三义轩 表达刘、关、张"桃园结义、三顾茅庐、三英战吕布"的抽象雕塑以及三义轩休息设施。

b. 忠义千古图 大型摩崖石刻，表达内容有：土山三约、曹操叹义士、拜书告辞、挂印封金、挑战袍、古城会、义释曹操、义释黄忠、单刀赴会、水淹七军。

c. 古今名将第一人 雕塑墙，似一本打开的画卷，表达内容有：刮骨疗伤、荆州教子、青龙宝刀、马中赤兔、"生为人杰、死为鬼雄"。

d. 群雄聚三国 古荆州群英汇集争霸天下的三国故事场景，后人再识刘备、张飞、赵云、诸葛亮、曹操、孙权、周瑜等等无数英雄本色。以情景雕塑、地图石和三国脸谱以及兵器小品等形式表达。

C.习武场、点将台 演义汉中王封将、关云长祭"帅"旗和操练水军的场景，同时也是擂台比武、古代兵器、古代将士服饰等表演、展示的地方。

D.星相广场 占星天宫图铺地，十二星座抽象雕塑组合。

E.过五关——炼之路 游客参与"过五关"游戏，"五关"为：溪流涉水磨刀雨、梅花桩、木牛流马、八卦阵和山洞攀岩，过"五关"后顺利到达祈福广场。

③ 梦幻水乡：

以水为主体展示关羽征战环境，亦为本园水上休闲的主要场所。主要项目：

A.水街：

a. 江南名食坊 建筑面积4000m²，1～2层，雕塑小品3～4组。

b. 阳光酒吧街 酒吧、醋吧、果汁吧等，建筑面积1000m²，1层。

c. 船屋 为保健休闲屋，如矿泥疗、水疗、醋疗、盐疗等，建筑面积700m²。

d. 水寨 听歌、垂钓、放河灯等，建筑面积160m²，计10处。

B.三国饭庄、酒肆、茶楼 原汁原味的三国风情，关公酒、张飞鱼、萝卜宴等，建筑面积2500m²。

C.表演广场：

a. 渔人滩 水上表演场地；

b. 表演台；

c. 群雕·弦。

④ 幸运路：为寄托百姓的心愿，沿路布置有"福"字石、"寿"字石、祈愿树、印心台、幸运广场等，为游人提供祈福、许愿的场所。

⑤ 景观桥：6座，跨捞刀河，由南至北分别名为：曲桥、青枫桥、竹桥、饮马桥、石桥和结义桥。

⑥ 义贯千古区主要技术经济指标、用地平衡表与规划建设项目表：

主要技术经济指标

总用地面积	147900m²
建筑用地面积	10160m²
建筑总面积	8800m²
建筑密度	6.87%
容积率	0.059
绿地率	72.42%

用地平衡表

名称		面积（m²）	占总用地（%）
总用地		147900	100
陆地		136980	92.62
其中	园路广场	19710	14.39
	建筑用地	10160	7.42
	绿化用地	107110	78.19
水体		10920	7.38

规划建设项目一览表

序号	名称	规模	备注
一、	道路及铺装场地	19710m²	
1	道路	16610m²	
2	习武场	600m²	
3	关公滩	300m²	
4	幸运广场	500m²	
5	渔人滩——水上表演广场	300m²	
6	表演台	500m²	
7	星相广场	400m²	
8	其他铺装场地	500m²	
二、	故土园		
1	休憩设施	160m²	
2	雕塑·少年关羽	1座	
3	农具小品	1组	
三、	忠义园		

续表

序号	名称	规模	备注
1	春秋苑		
①	雕塑·关羽读《春秋》	1座	
②	石刻·《春秋》		
2	浩气园		
①	三义轩、休息廊	180m²	配设公共厕所1处
②	大型摩崖石刻·忠义千古图		
③	雕塑墙·古今名将第一人		
④	雕塑·群雄聚三国		情景雕塑
⑤	景观小品·三国脸谱等		
⑥	休息亭	100m²	配设公共厕所1处
3	过五关		"五关"：关公雨、梅花桩、木牛流马、八卦阵、山洞摩岩
四、	梦幻水乡		
1	江南名食坊	4000m²	配设公共厕所1处
2	三国饭庄	2500m²	
3	阳光酒吧街	1000m²	配设公共厕所1处
4	船屋	700m²	
5	水寨	160m²	
6	幸运路		
①	幸运广场		
②	印心台		
③	"福"、"寿"石		
④	摸子泉		
⑤	云梦泽南岸石壁	长约200m，高4.5m	结合湖岸塑造景观石壁
⑥	汀步·石瀑		结合滚水坝设汀步
7	群雕·弦		位于表演台
五、	景观桥	6座	
1	青枫桥	16m×4m	
2	曲桥	32m×2.7m	
3	结义桥	2m×3m	
4	石桥	6m×2m	
5	竹桥	6m×2m	
6	饮马桥	10m×1.5m	
六、	绿化	107110m²	
七、	水体	10920m²	

(5) 千秋人杰区　面积 16.83hm²。

千余年来，关羽被视为万能的华夏第一神，以致"庙食盈寰中，姓名走妇孺"。形成了史所罕见的"上下共仰、中外同奉"的关公文化现象。

规划主要项目：九州同祭、关圣显灵、关羽碑林、关羽纪念林、关帝影视城。

① 九州同祭　游客至此，可了解到有关关庙的各种信息，同时这里也是祭祀之地。

A. 风雨竹长廊　设室内祭祀、服务部等，建筑面积 1370m²，顺山势而建；

B. 三教共奉　地图石广场；

C. 四海朝圣　树阵广场，关羽文化活动交流地；

D. 绿荫园。

② 关圣显灵　运用高科技手段创造关公显身的虚幻缥缈场景，满足游客崇祀关公的心理和祈求。

③ 关羽碑林　以石刻、铺装等展示后世对关公敬仰、赞美的诗词歌赋，楹联碑刻等。

A. 关羽本人的著作和书画；

B. 汇集称赞关羽的诗歌、楹联、碑刻。

④ 关羽纪念林　祭祀日植树造林，以示纪念。

⑤ 关帝影视城　规划保留该景点，进行适当改造。

⑥ 千秋人杰区主要技术经济指标、用地平衡表与规划建设项目表

主要技术经济指标

总用地面积	168300m²
规划保留地面积	62340m²
规划用地面积	105960m²
建筑用地面积	1420m²
建筑总面积	1420m²
建筑密度	1.34%
容积率	0.013
绿地率	83.44%

用地平衡表

名称		面积（m²）	占总用地（%）
总用地		105960	100.00
陆地		103400	97.58
其中	园路广场	13570	12.80
	建筑用地	1420	1.34
	绿化用地	88410	83.44
水体		2560	2.42

规划建设项目一览表

序号	名称	规模	备注
一、	道路及铺装场地	13570m²	
1	道路	9470m²	
2	九州同祭广场	2000m²	
3	其他铺装地	2100m²	
二、	九州同祭		
1	风雨竹长廊	1370m²	配设公共厕所1处
2	雕塑		
三、	关圣显灵		
四、	关羽碑林		
1	碑刻		
2	置石		
3	碑亭	50m²	
五、	绿化	88410m²	
六、	水体	2560m²	

(6) 三国乐园　面积 16.823hm²。

仿迪斯尼乐园建设，是一处以现代娱乐设施为主，赋予关公文化内涵的大型娱乐场所。

主要项目：神马王国、水世界。

该乐园以大、中、小型设施组合成 2～3 处游乐点，与表演活动、表演广场以及特殊的餐饮小吃相结合，游客至此，感受冒险、刺激、新奇。

① 神马王国：

A. 神马之家　建筑面积930m²，将马拟人化的卡通城堡；

B. 竞马场　开展小型的赛马、马术表演等活动；

C. 百马园　马的雕塑园地。

② 水世界：

A. 水战场　水战游戏；

B. 水上学艺　水上游艺设施，5～10组；

C. 勇敢者游戏 室外水战设施，2~3组。

③ 落虹桥：长约60m，宽4.0m。

④ 三国乐园主要技术经济指标、用地平衡表与规划建设项目表：

主要技术经济指标

总用地面积	168230m²
建筑用地面积	3930m²
建筑总面积	3550m²
建筑密度	2.34%
容积率	0.021
绿地率	66.44%

用地平衡表

名称		面积（m²）	占总用地（%）
总用地		168230	100
陆地		133630	79.43
其中	园路广场	17930	13.42
	建筑用地	3930	2.94
	绿化用地	111770	83.64
水体		34600	20.57

规划建设项目一览表

序号		名称	规模	备注
一、		道路广场	17930m²	
	1	道路	14430m²	
	2	竞马场	2000m²	
	3	活动广场	1500m²	
二、		神马王国		
	1	神马之家	930m²	
	2	马厩	200m²	
	3	百马园		各种马的雕塑
	4	雕塑·卡通马		
三、		水世界		
	1	水战城	1500m²	
	2	乐园购物街	665m²	配设公共厕所
	3	休憩亭廊	255m²	配设公共厕所
四、		游乐设施		
五、		落虹桥	60m×4m	
六、		入口标志		
七、		绿化	111770m²	
八、		水体	34600m²	

(7) 管理接待区 面积4.0hm²。

① 管理综合楼 建筑面积2000m²，2层。

② 职工宿舍 建筑面积3500m²，3层。

③ 桃源居 中华一绝——地窨院。建筑面积15000m²。

④ 供热设施用地 面积约2000m²，主要有：设备用房、堆场，位于规划区的东北角，其周边建设不少于30m宽的绿化隔离带。

供热站 建筑面积200m²。

⑤ 管理接待区主要技术经济指标、用地平衡表、规划建设项目一览表：

主要技术经济指标

总用地面积	40000m²
建筑用地面积	10200m²
建筑总面积	20700m²
建筑密度	25.50%
容积率	0.518
绿地率	49.50%

用地平衡表

名称		面积（m²）	占总用地（%）
总用地		40000	100.00
其中	园路广场	7000	17.50
	停车场	3000	7.50
	建筑用地	10200	25.50
	绿化用地	19800	49.50

规划建设项目一览表

序号	名称	规模	备注
一、	道路广场	10700m²	
二、	停车场	3000m²	
三、	管理办公楼	2000m²	
四、	职工宿舍	3500m²	
五、	桃源居	15000m²	窑洞式、地窨院
六、	供热站	200m²	
七、	绿化		

(五)水系规划

本规划区水系由一湖、二河（溪）、二潭（池）、三瀑组成，计面积6.954hm²。

1. 水系

(1) 一湖　总称云梦泽，面积6.445hm²左右，依高差叠落而形成三处不同水位的水面，按其方位称东湖、北湖和南湖，岸顶设计标高分别为390.0m、384.5m和382.0m。

(2) 二河（溪）：

① 檀溪　引石盘沟之水注入云梦泽；

② 捞刀河　该河流经义贯千古区和中都风情区，沿途形成饮马池、关公滩等。

(3) 一潭　龙潭，介于东湖与北湖之间。

(4) 三瀑：

① 龙潭瀑布　落差约4.5m；

② 天心瀑布　由北湖叠至西湖，落差约2.5m；

③ 石瀑　落差约2.5m。

2. 岛

利用挖湖的土在云梦泽中造三小岛，名：天心岛、万松岛、栗岛。

3. 水井

规划保留现有的8眼给水井，作为本区的重要补充水源。对于坐落在区内的水井，规划与绿地或与其他景点结合构成一处园中的特别风景。

4. 水源

主要水源地为石盘沟；补充水源，来自雨水截流和景区中的水井井水。

(六)景观要点

(1) 整体环境　林木葱郁、流水穿行、自然清新、舒适宜人。

(2) 水体景观　开阔的湖面与溪流泉潭相映，营造水中栈道、滨水步道、滨水广场等多种亲水性和可达性空间。

(3) 以绿化、水系、道路作纽带，将不同功能区有机连成一片，和谐共生。

(4) 武圣大道是文化和品牌核心的集中体现，布局大气，空间开放，在强调其规整性和纪念性的同时，创造作为文化和休闲廊道的功能，将轴线的纪念性和休闲性相结合。

(5) 义贯千古区和千秋人杰区则应尽其展示文化内涵和休闲功能，为游客营造一处轻松游览、欢愉休闲的旅游环境。

(6) 三国乐园和梦幻水乡是游客娱乐的首选之地，惊险、刺激、新鲜感强，应营造为游客带来全身心放松和无限快乐的环境氛围。

(7) 中都风情区和桃源居应原汁原味展现河东经典民俗文化，避免虚假化和程式化，应呈现自然亲切的田园风貌。

五、旅游产品开发规划

(一)项目分类

规划六大类十八小类旅游项目，精心策划以祭祀大典、河东鼓乐为主的大型主题文化节和专题表演活动。

1. 供旅游选择的项目或地点

(1) 休闲娱乐类：

① 梦幻水乡；

② 战船广场；

③ 演武场；

④ 三国乐园；

⑤ 垂钓。

(2) 民俗风情类：

① 作坊村　与加工业相结合的传统作坊；

② 十三街　河东名食街；

③ 民俗广场。

表演广场节目编排要依时而定，将节目群分成几个专题，每天选定不同专题专场，循环上演，游客参与体验。规划专题：

a. 民间节庆专题　年节、元宵节、七夕节、中元节、中秋节、重阳节；

  b. 鼓乐专题　《威风锣鼓》、《绛州鼓乐》、《斤秤锣鼓》等河东鼓乐；

  c. 万荣笑话专题；

  d. 民间绝活、绝技专题；

  e. 人生礼仪专题；

  f. 游艺竞猜专题；

  g. 生产习俗专题　该专题可以岁时节日、社火游艺结合。

  ④ 梨园：

  a. 关公戏剧节；

  b. "三国戏"、"关公戏"专题。

  (3) 文化知识类：

  ① 武圣大道；

  ② 义贯千古区；

  ③ 关羽碑林；

  ④ 民艺馆。

  (4) 祭祀活动类：

  ① 官祭　规格同祭孔，祭祀时间春、秋二祭、诞辰特祭；

  ② 民间祭。

  (5) 居住工程类　地窨院。

  (6) 生态农业类：

  ① 故土园；

  ② 关羽纪念林。

  总之，通过以上旅游产品，主要是关公文化和民俗文化体验类与大型游乐项目类产品的导入，它与关帝祖庙、关公家庙古建文物和关帝圣像观光类产品以及与周边市场的强烈反差而形成旅游产品的互补关系，成为能吸引游客的卖点。

  2.主要表演活动和主题文化节

  (1) 表演活动：

  ① 关公戏、三国戏；

  ② 关公故里祭祖活动；

  ③ 水淹七军、火烧赤壁；

  ④ 古战场　演武表演、擂台比武、战车出行；

  ⑤ 关圣显灵；

  ⑥ 绛州鼓乐；

  ⑦ 水上舞台　时尚表演。

  (2) 主题文化节：

  ① 关公戏剧节；

  ② 关公故里祭祖；

  ③ 河东鼓乐文化节。

(二)启动建设项目

  (1)启动项目　武圣大道、云梦泽水系工程、土方工程。

  (2)后续项目　义贯千古区、三国乐园、千秋人杰区、中都风情区。

(三)旅游购物品规划

1.空间分布

  购物场所采用集中与分散相结合的原则，集中点为：

  (1) 旅游纪念品购物街。

  (2) 作坊村　开发关公系列、三国系列、澄泥砚系列、云雕系列以及其他富有地方特色的旅游纪念品供游客选购。

2.标志产品

  开发关公故里旅游景区旅游标志产品，游客购买作为"到此一游"后留下深刻印象的纪念物。

(四)旅游路线规划

1.园区游览道路网

  通过武圣大道这条主轴线联系各功能区，各功能区内部通过各级道路而构成环形游览道路网。

2.游览路线组织

  (1) 园内游览　按可供游客进入的区域组织游览单元，根据各区内的主要游览点组成若干半日游单元内容，供游客选择或搭配成一日游或更多时间的游览活动。

① 祭祀、朝拜　武圣大道、常平关公家庙、关帝圣像、关氏祖茔；
② 追忆关公　义贯千古区、千秋人杰区；
③ 民俗体验　中都风情区；
④ 设施游乐　三国乐园。

(2) 本景区与外部旅游路线规划：

① 与解州关帝祖庙、周仓故里实现旅游产品组合，形成优势互补，组成一日游以上的游览路线。
② 与市域内外实现与周边旅游区合作，实现产品延伸，共同组合精品旅游线。

3.精品游线

(1) 关公文化精品旅游线：

解州关帝祖庙——结义园——常平关公家庙——关帝圣像区——关氏祖茔。

解州关帝祖庙——常平关公家庙——关帝圣像区——周仓故里。

(2) 市域黄金环形旅游线：

运城环城高速公路的开通，有利组织运城市域关公故里旅游区——黄河文化旅游区——北部历史文化旅游区——历山生态旅游区——温泉疗养度假区市域旅游线路。

(3) 省际旅游大回环精品旅游线：

西安——运城——三门峡——洛阳。

(4) 黄河金三角跨省精品旅游线：

以西安古都、临潼兵马俑、陕西华山、永济鹳雀楼、解州关帝庙、关帝圣像景区和三门峡车马坑、洛阳古都以及壶口瀑布、小浪底库区、垣曲历山为精品景点的晋、陕、豫黄河黄金旅游区。

(五)旅游服务系统

1.安全管理
2.旅游咨询、服务
3.通用标识
4.医疗急救、紧急救援

六、客源市场预测与环境容量估算

(一)客源市场预测

根据甲方提供"游客客源市场分析"资料显示：至2005年，能预测到运城市年接待国内外游客可达800万人次，其中到关帝庙的可达27万人次，由此推算至2005年，关帝圣像景区第一期工程完工，进入该景区的人数将不少于27万人次。

客源半径：目标客源市场划分为三个半径：
第一半径：运城市及省内市场；
第二半径：京津、陕西、河南及东南沿海市场；
第三半径：国际市场。

(二)环境容量估算

1.环境容量计算方法

参考《风景名胜区规划规范》中游人容量计算指标。

(1) 面积容量法：$C = \dfrac{A}{B} \times D$

式中：C——日环境容量，单位：人次/日；
A——游览面积；
B——计算指标；
D——周转率。

(2) 游道长度计算法：$C = \dfrac{A}{B} \times D$

式中：C——日环境容量；
A——游道面积；
B——计算指标；
D——周转率。

2.环境容量计算值

(1) 计算一览表

游览地名称	计算面积 (m²)	计算指标 (m²/人)	瞬时容量 (人/次)	周转率 (次)	日游人容量 (人次/日)
入口区	室外 4000	20	200	10	2000
武圣大道	室内 1000	10	100	2	200
	室外 40000	80	500	2	1000
义贯千古区	室内 9750	10	975	2	1950
	室外 53200	100	532	2	1064
千秋人杰区	室内 3200	10	300	1.5	450
	室外 85000	150	566	2	1132
三国乐园	室内 6000	50	120	2	240
	室外 91200	100	912	1.5	1368
云梦泽	40000	200	200	1.5	300
游览道路	29600	10	2960	2	5920
小 计			7365		15624

(2) 环境容量

根据计算得出本景区：①瞬时环境容量为：7365人/次；②日环境容量值为：15624人次/日；③年环境容量为：年平均游览日以210天计算，计算得出年环境容量值为：328.10万人次/年。

综合平衡后本区生态容量计算值如下：

一次性游人容量值为：6632人/次；日游人量值为：12499人次/日；年游人容量值为262.48万人次/年。

七、道路交通与旅游服务设施规划

(一)道路交通

1.对外交通

目前通过运解公路联系运城市区和解州镇，运城市环城高速公路修通后，该高速路即为主要对外交通道路。

(1) 环城高速公路在关公故里设出口，并有道路连接本景区。

(2) 公交车站 规划建议近期沿运解公路设置一处公交站，站点位置临关公家庙，待环城高速公路建成后，与有关部门协商，在本景区的入口区设公交站。

(3) 中巴车、出租车站（场） 设在入口区。

2.内部交通

(1) 道路分级 三级：

① 主游道：武圣大道宽50m，混凝土或沥青路面。

② 次游道：路宽3.5～6.0m，联系主要景点，条石或混凝土路面。

③ 支路：路宽1.0～1.5m，联系一般景点，条石或块石或卵石路面。

主、次道路和支路一起构成园内完善的旅游交通网络。

(2) 交通方式：

除本园区的消防车辆和货运车辆外，原则上不允许其他任何机动车辆进入园内。

① 电瓶车交通：主、次道路在园区呈环状路网，电瓶车可到达各主要游览景点，电瓶车交通为区内重要的游览交通方式。

② 步行：为园区内主要的游览方式。

③ 马车：为园区内特色辅助交通方式，限定中都风情区内行驶。

(3) 交通设施：

① 交通工具：电瓶车、马车；

② 停车场地：环保生态型。

A. 公共停车场 主入口停车场、次入口停车场共计三处，总计面积14300m²，环保生态型，由机动车停车场、非机动车停车场和市公交车、中巴、出租车与摩托车停车场（站）组成。

B．专用停车场 位于管理接待区，面积3000m²。

C. 电瓶车总站和停靠点 始发站设于主入口处，面积1000m²，停靠点则沿行驶的道路适当地设置。

D. 马车停靠点 在中都风情区内指定位置。

(二)管理、接待服务设施

(1)旅游服务设施由服务中心——服务部——服务站三级组成。

服务中心：游客中心、管理中心、综合管理大楼。

服务部：中都风情区、忠义园、梦幻水乡、三国乐园。

服务点：于各主要景点设置。

(2)旅游接待设施 桃源居。

(三)环卫设施

1.旅游公厕、垃圾站

规划公共厕所14处，其中：入口区和千秋人杰区各1处、武圣大道2处、义贯千古区4处、中都风情区和三国乐园各3处。公厕与其他建筑结合专门设置，每处面积不少于60m²。规划垃圾站16处，除在管理接待区增设2处外，其余与公厕数量、位置基本一致。垃圾要求日产日清，收集后统一运往垃圾填埋场处理。

2.果皮箱

主路沿线每隔50m设1个，次路和支路沿线分别每隔60～70m设1个。

八、生态环境保护规划

(一)影响环境质量的不利因素

(1)项目建设期间地表植被遭到破坏，易引起严重的水土流失，致使生态环境恶化。

(2)项目营运时大量的生活和餐饮服务行业产生的污水、油烟对大气和水体造成污染。

(3)锅炉房供热设备运行时的大气污染。

(二)环境保护措施

1.种植树木花草，增加植被覆盖率

2.大气环境保护

(1)锅炉房供热设备基址选取址于园区的下风方向，并设不少于50m宽的防护绿化带，同时要求使用优质能源，排放物必须达到国家允许的环境质量标准后方可排放。

(2)园区内的饮食服务业要求使用优质能源和配置油雾净化设备，减少气型物排放。

(3)建设环保型道路和停车场地。

(4)园区内禁止机动车行驶。

3.水环境保护

(1)排水系统按雨污分流的原则设置。

(2)生活污水经处理达标后方可排放。

(3)建立雨水收集系统和再生系统。

(4)本园区水面面积较大。利用地形高差，增加水体的流动性；沿水边营造湿地，湖面种植水生植物，强化生物净化功能。

4.噪声防治

园内娱乐设施建筑应采用消声、隔声措施，以降低各种声设施的功率。

5.土壤污染防治

园区内的固体废弃物主要是生活垃圾和餐饮业所产生的大量垃圾，对此可设置垃圾收集仓，集中临时性储存，定期专车送至垃圾卫生填埋场或垃圾焚烧厂统一处理，防止土壤污染。

(三)防灾规划

1.防洪规划

山体部分应采取工程措施，截洪沟和汇水溪流形成山体有组织排水，并在山体被破坏地段恢复植被，并全面综合治理，阻止山洪灾害。

2.防工程地质灾害和防震规划

在项目开发建设前有准确的相关地质和地震资料，使项目选址避开事故多发地段，实施预防工程措施。

3.水土流失治理

以控制水土流失，保护生态环境为中心，建立持续、稳定、高效的园区生态林复合体系，林草配置，水保林和景观观赏林并举。

九、综合管线规划

(一)给水、排水

关公故里旅游区关帝圣像景区的用水量按日

环境容量平衡值估算，据预测日环境容量平衡值为12500人次/日，瞬时平衡值为6632人/次，服务人员442人。

景区内的排水方式采用雨污分流制。景区内以人工湖为界，人工湖南侧雨水经收集后排入湖体，人工湖北侧雨水经收集后排入区外雨水管网。湖水多余部分经截流后排放。生活污水经化粪池预处理后排放。

1. 用水量

用水量分成生活用水量、消防用水量和其他用水量，详见下表：

生活用水分配表

用水项目	用水范围	标准	水量(t/日)
游客	12500人次/日	60L/日	525
常住服务人员	177人	300L/日	51
其他服务人员	265人	150L/日	40
不可预见用水			92
合计			708

其他用水分配表

用水项目	用水范围	用水量（t/日）
绿化与场地浇洒	整个景区	291
水体补充水	人工湖	1026
不可预见用水		50
合计		1367

消防用水分配表

用水项目	标准(L/s)	灭火持续时间(h)	用水量(t/次)
室外消防栓	15	3	162
室内消防栓	25	2	180
合计			342

2. 水源

(1) 水源现状 根据景区现场资料表明，关帝圣像景区土地范围内，现有给水井8眼，其中：景区内4眼（1号、2号、3号、8号），景区外4眼（4号、5号、6号、7号）。其中：1号井为关帝影视场所使用的给水井。

8眼给水井现使用的出水量为：1号、2号、6号水井出水量约为20m³/h，其他为15m³/h。除去1号水井，其他给水井如果按24小时采水量为2760m³/日，按8小时采水量为920m³/日，按6小时采水量为690m³/日。

中条山山北麓有一条呈南北向的山沟曰石盘沟，沟内泉水终年不息，沿石盘沟流至山北平地，即流经规划中的人工湖，其平均流量为0.02m³/s。即：平均流量为1728m³/日。

(2) 生活水源 规划在中都风情区、管理接待区、义贯千古区设置生活消防水池，供各区内和相邻区域的生活和室内消防用水。中都风情区修建500m³生活消防水池，水池中包含180t室内消防用水，其水源由3号、4号、5号给水井提供。管理接待区修建500m³生活消防水池，水池中包含180t室内消防用水，其水源由6号、7号、8号给水井提供。义贯千古区修建360m³生活消防水池，水池中包含180t室内消防用水，其水源由2号给水井提供。

(3) 消防水源 室内消防由各分区修建的生活消防水池提供，其中每个水池内均包含有180t专用室内消防用水。室外消防水源由在景区南侧高处（标高为439.00m）修建的320m³高位消防浇灌水池提供，水池中包含162t专用消防用水。此外在人工湖靠近道路的位置修建消防取水口，作为景区内消防备用水源。

(4) 浇灌水源 浇灌用水包括：绿化浇灌、道路及场地冲洗，用水量约为291t/日，由高位消防浇灌水池提供。高位消防水池水源来至石盘沟。

3. 消防

关帝圣像景区内的建筑物、室内消防根据建筑单体防火要求作独立的消防设计。其室内消防水源由生活消防水池提供。室外消防由景区内统一修建专用消防浇灌管道，管道沿主干道敷设，连接成环状管网，沿途按室外消防要求设置室外消防栓，其水源来至高位消防浇灌水池。

4.景观水体

关帝圣像景区内修建一处面积将近7万 m² 的人工水系，其水由人工湖上游（即人工湖南侧）的雨水截流补充和石盘沟水流以及井水补充。其他地方的水景用水由人工湖提供。多余的湖水经截流后排入区外排水设施后进入盐湖。

景区内应加强卫生管理，控制生活污废水的排放，定期清理水面垃圾和湖底淤泥。

5.生活污水

关帝圣像景区规划日产生活污水约539t/日，生活污水来源为：居住建筑、公共厕所和餐饮。

景区内生活污水宜采用分散预处理方法，按规划分区建筑分布情况，适当修建化粪池，由化粪池收集污水作预处理后排入城市污水管网。如条件许可，则可以采用微生物生活污水处理方式，污水经处理后，其出水指标达到二级生物处理标准以上，处理后的污水可以收集后直接排放。

6.雨水

关帝圣像景区内修建有一处面积达7万 m² 的人工湖，湖水由石盘沟流水补充。根据规划要求：人工湖南侧的雨水可以采用暗沟和明沟相结合方式收集，将雨水有组织的排入人工湖。人工湖北侧雨水则暗管收集方式排放。

（二）电力、电讯

1.电力

关帝圣像景区详细规划用电总装机负荷按单位建筑面积负荷标准并综合考虑景观和设备用电进行估算。

（1）负荷估算：51757m² × 120W/m² = 6211kVA

（2）根据规划分区和建筑的分布位置修建4处10/0.4kV变配电房，向各分区用电负荷馈电，具体分布情况详见下表：

变配电房分布表

配电房位置	装机容量（kVA）	用电负荷	变配电房编号
中都风情区	1800	中都风情区、入口区	2BD
管理接待区	2700	管理接待区、入口区	3BD
三国乐园	630	三国乐园	4BD
义贯千古区	1250	义贯千古区、千秋人杰区	1BD
合计	6380		

实际总装机负荷为6380kVA。

（3）园区内用电负荷主要包括建筑照明、空调、采暖、消防、道路景点照明和其他设备用电。景区内以10/0.4kV变配电房为中心，以380/220V低压向周围用电负荷馈电，在局部地点可根据需要增设配电箱，作为用电负荷的中转点。为保证供电的可靠性，主要建筑内可设置柴油发电机作备用电源。

（4）10kV电源由1BD变配电房方向接入，并向其他变配电房引向10kV电缆。各变配电房内变压器采用环网联结方式，景区内的各类型配电电缆均在主干道旁的电缆沟内敷设。

2.电讯

规划在管理接待区设置通信控制机房，主要安装一座500线的电话交接总箱，通信线路由常平邮电局接入。

各类建筑按需要设置适量的国内和国际电话线路。

其他主要道路、广场、商业点设公用电话设施，景区内的电话线路由电话交接总箱引入。

（三）采暖

（1）关帝圣像景区位于山西运城，日平均温度小于5℃的采暖期天数约105天，采暖日期大概为11月2日至3月4日。日平均温度小于8℃的采暖期天数约129天，采暖日期大概为11月8日至3月16日。根据该景区所处位置及各建筑功能要求，规划取采暖期室外计算温度为-7℃，室内计算温度为16~25℃，热负荷规划为73W/m²。

(2)按本次规划景区所处地理位置并结合当地采暖供热能源使用情况，本次规划将采用以煤为燃料的燃煤锅炉房集中采暖供热方式，以热水为热传递介质。规划修建一处供热站，并敷设热力网向用户供热。

(3)规划采暖供热能力，景区内采暖建筑面积约 51000m^2，热负荷为 73W/m^2，因此规划供热站供热能力估算为 3.78MW。

供热站配备 5t 燃煤热水锅炉 2 台。

十、绿化规划

(一)规划原则

1. 适地适树　因地制宜
2. 环境配置　和谐自然
3. 主次分明　疏落有致
4. 一季突出　季季有景

(二)树种规划

(1)背景树：白皮松、油松、雪松、毛白杨、侧柏、国槐。

(2)庭荫树：香樟、国槐、银杏、法国梧桐、桂花、合欢、白蜡、垂丝海棠、榆等。

(3)花灌木：紫玉兰、碧桃（各种）、梅花、海棠类、樱花、丁香、连翘、紫薇、锦带花、迎春、茶花、溲疏、榆叶梅、紫荆等。

(4)色叶树：银杏、红枫、红叶李、鸡爪槭、五角枫、黄栌、欧洲荚蒾、火炬树等。

(5)地被：丝兰、麦冬、沿阶草、马蹄金、白三叶及冷季型草坪。

四季观花观果：

春：碧桃、樱、海棠、牡丹、芍药。

夏：荷花、紫薇、合欢、木槿。

秋：桂花、月季、菊花（果）枣、山楂、柿、苹果、火棘。

冬：蜡梅、茶花。

(三)种植规划

根据总体规划中分区规划的指导思想，本次规划对各区种植进行了具体设计：

1. 入口区

选用植物：银杏、臭椿、加拿大杨、意大利杨等。

2. 管理接待区

选用植物：雪松、山楂、樱花、大叶女贞、丁香、红叶李、石楠、桂花、南天竹、碧桃、木槿、紫薇等。

3. 三国乐园

(1) 云梦泽以北

选用植物：雪松、银杏、白皮松、五角枫、红叶李、榆叶梅、金叶女贞、红叶小檗、大叶黄杨、铺地柏等。

(2) 云梦泽以南

选用植物：龙柏、合欢、丁香、西府海棠、梅、红叶李、迎春、连翘、芍药、锦带花、百日红等。

4. 武圣大道

(1) 武圣大道主干道

选用植物：法国梧桐、国槐、雪松、白皮松、侧柏、油松等。

(2) 武圣大道主干道两侧

选用植物：国槐、皂荚、合欢、龙柏、榆树、桂花、南天竹、黄杨等。

5. 中都风情区

选用植物：毛白杨、香椿、垂柳、杏、桃、枣、泡桐、蜀葵、百日草等。

6. 义贯千古区

选用植物：国槐、垂柳、大叶女贞、雪松、合欢、皂荚、樱花、连翘、贴梗海棠、梅花、碧桃、石榴、竹、含笑、桂花、月季、千屈菜、鸢尾、玉簪等。

7. 千秋人杰区

选用植物：国槐、皂荚、绒毛白蜡、合欢、龙柏、侧柏、桂花、迎春花、南天竹、黄杨、菊花等。

8.水体

选用植物：水杉、垂柳、枫杨、红叶李、五角枫、南天竹、迎春花、萱草、落新妇、千屈菜、香蒲、荷花、睡莲等。

9.主要植物群落

(1) 毛白杨——金银木——羊胡子草。

(2) 榆——小花溲疏——二月兰。

(3) 油松——丁香+含笑——剪股颖。

(4) 槐树——珍珠梅——紫花地丁。

(5) 刺槐——棣棠——麦冬。

十一、主要技术经济指标

（一）用地平衡表

名　称		用地面积（m²）	占总用地（%）
规划用地		778150	100
其中	陆　地	708610	91.06
	园路广场	131200	18.52
	停 车 场	20000	2.82
	建筑用地	46710	6.59
	绿化用地	510700	72.07
	水　体	69540	8.94

注：本用地平衡表中用地面积未计规划保留的关帝影视城。

（二）主要技术经济指标

总 用 地 面 积	840000m²
规 划 保 留 地 面 积	62340m²
规 划 用 地 面 积	778150m²
建 筑 用 地 面 积	46710m²
建 筑 总 面 积	52557m²
建 筑 密 度	6.00%
容 积 率	0.068
绿 地 率	65.78%

注：本表中规划保留用地指关帝影视城。

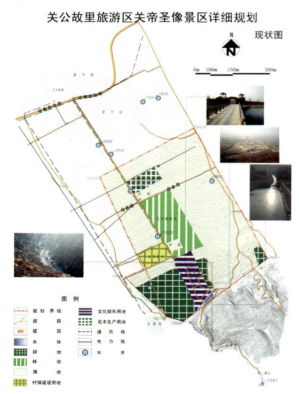

区位分析图

现状图

功能分区图

鸟瞰图

关公故里旅游区关帝圣像景区规划与武圣大道设计方案

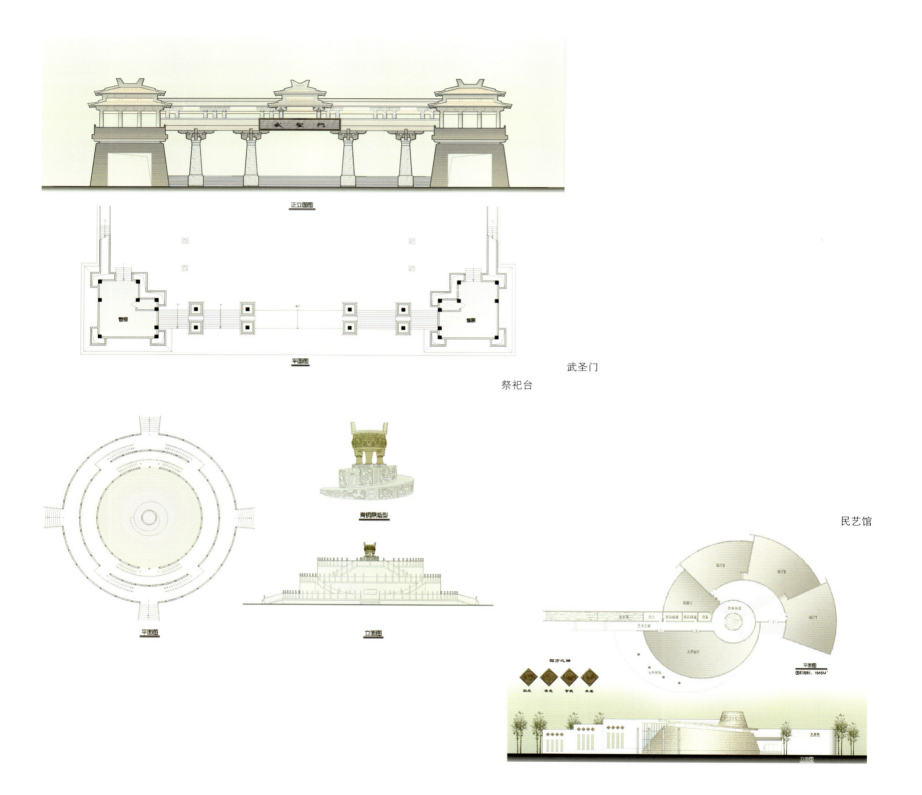

中都风情——梨园 戏台

武圣大道——战船广场

关公故里旅游区关帝圣像景区规划与武圣大道设计方案

梦幻水乡 水寨 船屋

梦幻水乡 渔人码头

中都风情——十三街

义贯千古——梦幻水乡 江南名食访

关公故里旅游区关帝圣像景区规划与武圣大道设计方案

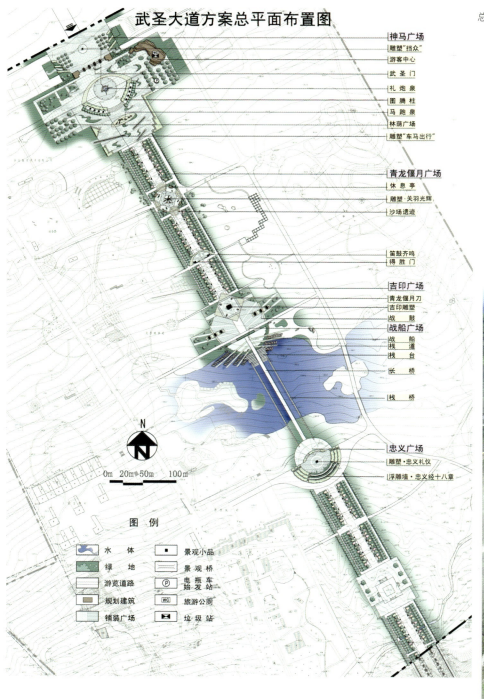

总平面布置图

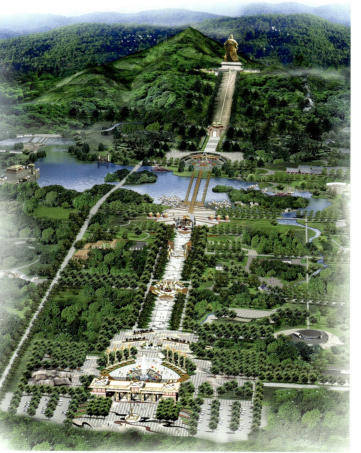

鸟瞰图

主入口广场与神马广场方案

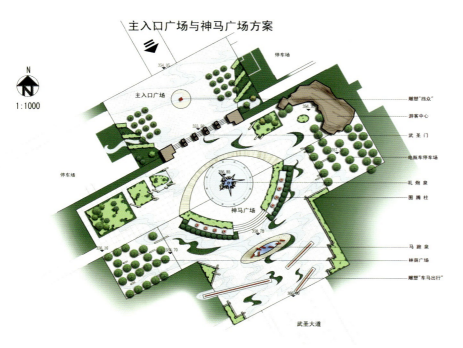

主入口广场与神马广场方案

主入口广场与神马广场效果图

关公故里旅游区关帝圣像景区规划与武圣大道设计方案

武圣大道－神马广场－马跑泉

武圣大道－神马广场－雕塑"车马出行"

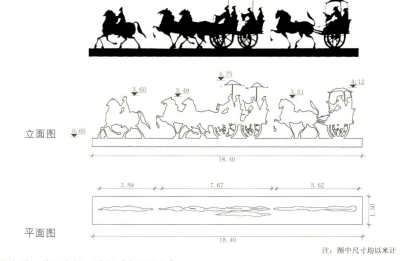

立面图

平面图

注：图中尺寸均以米计

武圣大道－神马广场－雕塑"车马出行"

武圣大道－游客中心

青龙偃月广场效果图

得胜门效果图

武圣大道－吉印广场效果图

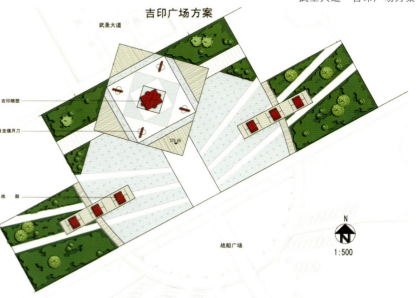

武圣大道－吉印广场方案

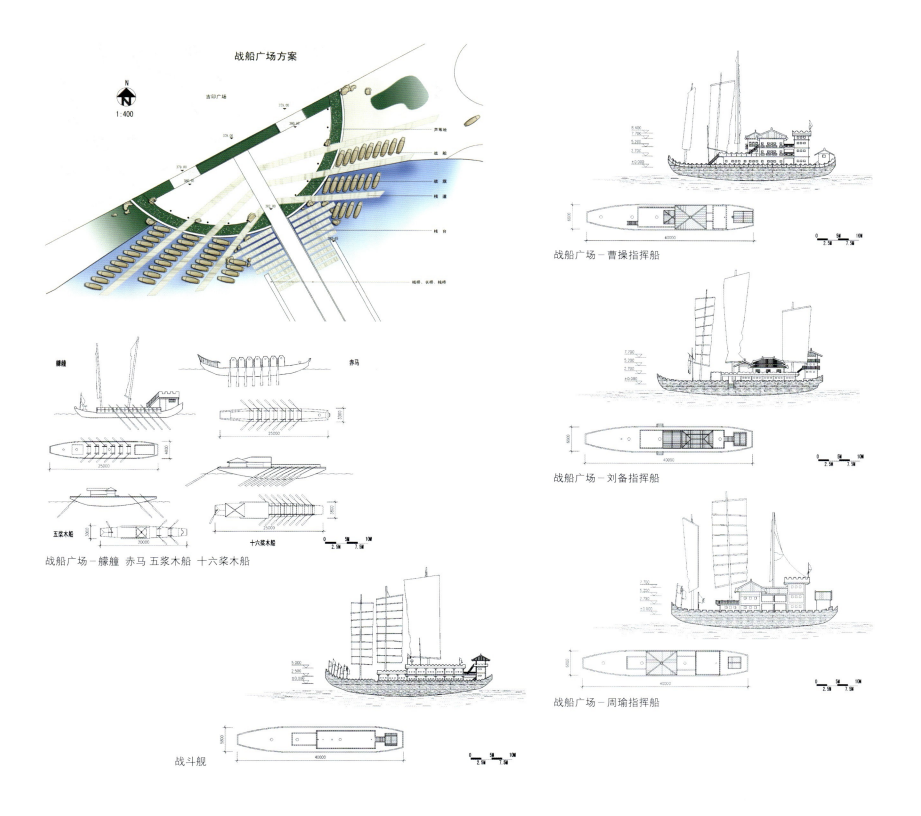

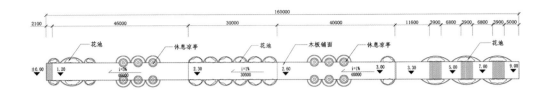

长桥方案一平面 1:500

长桥方案一立面 1:500

长桥方案一栏杆及花池立面 1:100

武圣大道－长桥方案

栈桥方案二平面 1:500

栈桥方案二立面 1:500

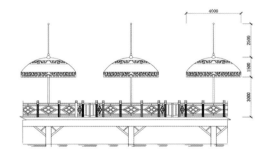

长桥方案一凉亭立面 1:100

武圣大道－长桥方案

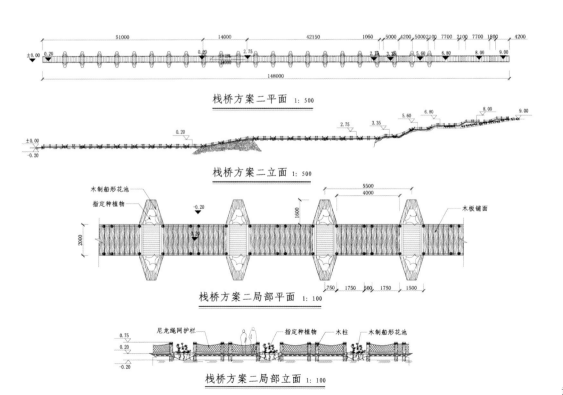

栈桥方案二局部平面 1:100

栈桥方案二局部立面 1:100

武圣大道－栈桥方案

武圣大道－忠义广场方案效果图

围墙－方案（一）

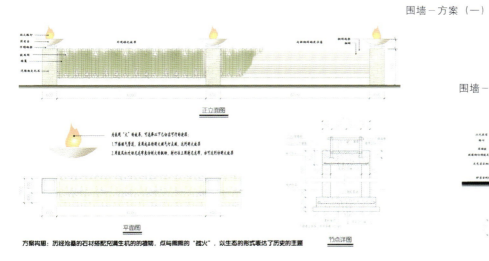

围墙－方案（二）

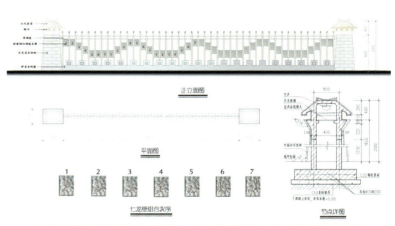

关公故里旅游区关帝圣像景区规划与武圣大道设计方案

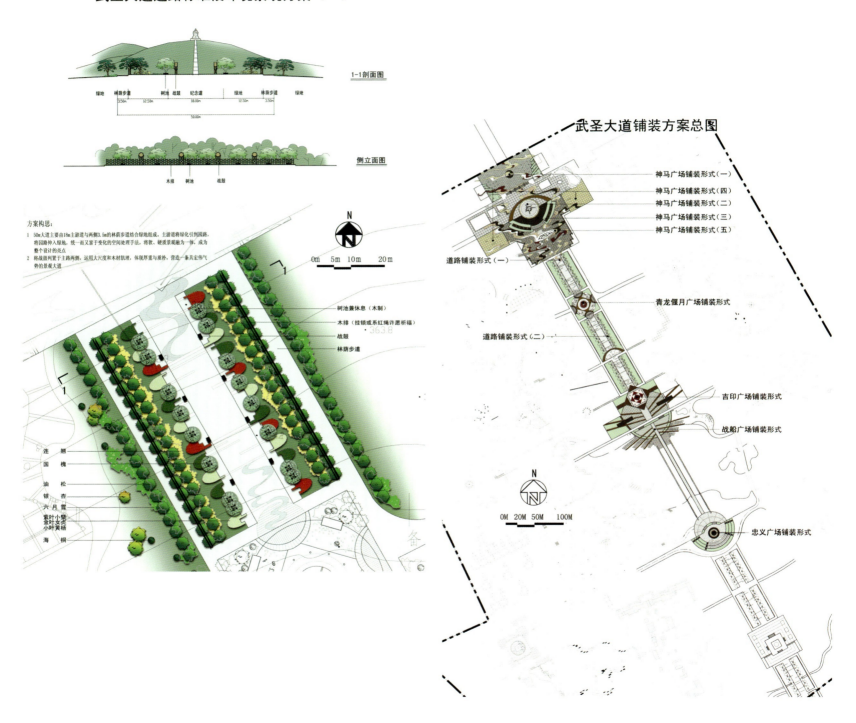

瘦西湖玲珑花界扩建工程规划设计

一、概况

玲珑花界占地约15.87hm²(约238亩),是瘦西湖风景区园林群之组成部分,位于风景区西南隅,在二十四桥、白塔景区南边。其规划设计要考虑既是风景区新建的景区,同时又要顾及与城市的关系。

二、规划设计立意

1.定位

(1) 生态 本景区规划设计充分发挥蜀冈——瘦西湖风景区的优势,在地形处理上与蜀冈、瘦西湖大山水环境气象贯通、景观融合,着笔于生态野趣之溪、滩、堤、岛;丛林湿地;香土花木;鸟屿禽沼;鱼池栈桥的营造。

(2) 文化 延伸二十四桥景区的历史文脉,景观力求表达"二十四桥明月夜,玉人何处教吹箫","千家养女先教曲,十里栽花当种田"的诗情画意。

(3) 休闲 结合造景适当安排休闲娱乐的场所与活动,并考虑晚上开放的条件与内容,产生相应的经济效益。

2.景点构成

景点分类表

编号	名称	内容	类型
1	仙屿鹤舞	水体众多结体、沼生、水生、湿生植物、鸟禽生态景观	生态
2	木犀隐月	桂花飘香、红叶尽染赏月环境	生态
3	古柯荫坪	大树浓荫、荫生花草、林下游憩	生态
4	泽滩嬉鳌	湿生植物群落、砾石砂滩景观	生态
5	云境幻仙	玉女吹箫、女中豪杰雕塑、演出平台、云境环绕	文化
6	花相石笺	大面积芍药花径与摩岩石刻,四季花卉	文化
7	水苑弄月	水上歌舞台、品茗小吃、湖鲜烹饪	休闲
8	青溪逐鱼	家庭式为主休闲娱乐钓鱼场	休闲

(1)仙屿鹤舞 塑造弥补瘦西湖水系的细微艺术结体,诸如:溪、潭、港汊、水岬的处理;堤、岛、桥、岸的众多变化;岛上大树、沼生、湿生、水生植物与鸟禽的生态组合。提供观赏优化的自然、游戏自然,营造人与自然对话的和谐气氛。

(2)古柯荫坪 创造大树枫杨、银杏浓荫效果和荫生花草绿地作为游憩地的绿地环境。

(3)木犀隐月 创造"明月夜"桂花飘香、红叶尽染的赏月景观。

(4)泽滩嬉鳌 成片带状芦苇丛为主构成的湿地景观,点缀砾石沙溪供儿童捕虾捉蟹的嬉水场地。

(5)云境幻仙 在云带、云雾形铺装的道路节点上,点缀8帧形状各异的玉女吹箫、女中豪杰雕塑,并设计相应的表演隙地,以唤起游人幻仙、与美女同歌舞的艺术感观。

(6)花相石笺 芍药亦雅喻花中宰相,自古至今为扬州名花,从欧阳修"琼花芍药世无伦"至清代扬州八怪"十里栽花当种田"均描绘的是此花,故以艺术性构成大面积种植,并配置四季开花花木,在观赏路线交点处点缀峰石(或木化石)9枚,并镌刻名人诗句供人吟诵,故名:花相石笺。

(7)水苑弄月 以水苑格局设计古韵歌舞戏台,由喷雾歌舞台、平台、曲廊、水亭、水榭、浮桥组成,并将水池分割成七块不同形态,悬挂各式古典灯笼,作为瘦西湖夜间开放的娱乐休闲点,与"吟月茶楼"结合成为可供餐饮、特色名点、歌舞听箫佳处,同时亦可提供钓鱼、虾、蟹、龟、鳖、蛙等及时烹饪品尝之场所。

(8)青溪逐鱼 利用水面高密度放养多规格鱼种,分包厢、包台、大众栈台三种规格提供家庭休闲式钓鱼区,24小时全天候收费开放。

3.地形处理与竖向规划设计

用地范围地形相对平坦,东西高差不到4m,

整个园路系统道路设计坡度小于5%。仙屿鹤舞、泽滩嬉鳌两景点营造湿地景观及青溪逐鱼景点挖湖养鱼而形成的土方，在西北面临白塔景区藕香桥至晴云桥沿河边，及青溪逐鱼景点湖面西面营造微地形，使本景区与白塔景区从功能到环境既有联系，又不互相干扰。在南临规划中的白塔路砌筑围墙，内部沿墙堆土，形成自然坡地。从而使得土方工程达到填挖平衡。

4. 道路交通规划

(1) 对外交通　整个景区对外交通联系有两个通道入口：西入口（由扬子江北路进入）；东南入口（由规划中的白塔路进入）。北边分别有两个出入口与二十四桥景区、白塔景区联系。在西入口、东南入口均设置大型停车场。

(2) 内部交通　整个景区内部道路均为步行道，沿瘦西湖道路保留，整个道路系统主园路宽度4~8m，支路为1.5~2.5m。主要材料用具有地方特色的片石、卵石、木板、砖、瓦等构成。

5. 绿化规划设计

(1) 总体布局　树木选择以地方树种为主。围绕"玲珑花界"展开配置，做足花的文章。达到"四时有不谢的花"。进一步升华"玲珑花界"的内在意义。

(2) 景区　按照景观规划分为以下景区：木犀隐月、芍药园、古柯荫坪、泽滩戏鳌、仙屿鹤舞、水苑弄月、云境幻仙、青溪逐鱼、花相石笺。

① 木犀隐月：大面积种植不同品种的桂花，如：金桂、银桂、丹桂、四季桂。成片群植，突出中秋时期桂花景观的写照——独占三秋压众芳。同时配植银杏、红枫、乌桕、厚皮香、栾树、榉树、重阳木等秋季观叶树种和花带加以点缀。体现"渲染色彩，突出季相"的江南古典园林造园功能。

② 芍药园区：分布于东南角。选用各品种的芍药，结合曲直相间的石径，像是人在花中游。反映芍药自身观赏价值。

③ 古柯荫坪：地处南面。创造"笼罩景象，成荫投影"的意境。选用落叶高大乔木枫杨群植成林，边缘配植常绿树种：香樟、青冈栎和灌木栀子花、落叶树丝棉木点缀形成空间层次。

④ 泽滩戏鳌：地处北面。围绕水体选用湿生植物：荷花、睡莲、水仙、菖蒲，沼生植物：芦苇、孝顺竹、黄馨、蔷薇、鸢尾、迎春、丝兰、银芽柳、湿地松、石蒜、葱兰、木芙蓉、重阳木、棣棠、栾树等层次丰富，突出个体与群体，构成景观。

⑤ 仙屿鹤舞：该区是水中之岛，鸟的栖息之处。故选用多种观果树种，（果实可供鸟吃、颜色丰富）和带香味的植物：火棘、香樟（孤植古树香樟）、枸骨、南天竺、紫叶小檗、冬青、金银木等来散布芳香，以招引各种鸟类。营造"鸟语花香，动静结合"怡然自得的生动画面。

⑥ 云境幻仙、花相石笺：结合云一般的小径种植各种观花类灌木，花期相互交错、斗妍争奇，借鉴西方花园的造园艺术手法。

⑦ 水苑弄月：水榭旁种植一些荷花，意境："留得残荷听雨声"。

⑧ 青溪逐鱼：利用垂柳婀娜飘逸、婉约迷人的风姿分段三三两两点缀其中，给钓鱼的人增添清闲舒适，惬意舒爽之感。

⑨ 其余景区：选用带有古典园林特色的植物：枫树、柳、松、海棠、女贞、梧桐、紫薇、梅、刚竹等植物点缀其中。

水体周围配植原则：草本与木本、地被灌木与乔木有层次地结合。选用草本植物：丝兰、美人蕉、麦冬、石蒜、葱兰、鸢尾、马蹄金等；木本地被类植物：拱形垂枝的黄馨、迎春、金钟花、蔷薇等。灌木：棣棠、麻叶绣球、丝棉木、木槿、厚皮香、垂柳、红叶碧桃等适合水边湖畔生长的树种，其意境"草木蒙笼"，"池塘生青草，园柳变鸣禽"。

6. 给排水规划设计

(1) 给水　瘦西湖玲珑花界用水主要为水苑弄

月景点内的品茗小吃、湖鲜烹饪生活用水和玲珑花界内的植被养护用水。

(2) 水量：

生活用水：35m³/日；

浇洒绿地：101m³/日。

(3) 给水水源：

生活用水：市政给水；新敷设DN50给水管或从已有建筑给水管接入；

浇洒绿地：瘦西湖湖水提升。

(4) 污水　玲珑花界日产污水量28m³/日，经化粪池预处理后，排入市政污水管网。

两处公共厕所，采用微生物处理方式，无污水产生，其污泥定期清除。

(5) 雨水　规划设计雨水量：524L/s

(6) 雨水排放　造园时，地表坡度坡向水体，使降雨自然流向水体。广场和道路用暗沟和管道相结合方式，收集雨水，并流向瘦西湖。

7. 电力电讯规划设计

(1) 负荷估算　按分类用地负荷密度估算用电负荷：15.87hm² × 10kVA/hm²=158.7kVA

(2) 装机负荷　从扬子江北路引一路10kV高压线路至水苑弄月景点旁的室外组合式变压器，变压器装机负荷为200kVA。或者直接从就近电源引入380V低压电源至水苑弄月旁的总配电箱，然后向其他配电箱配电，装机负荷为180kVA。

(3) 电力电源　扬子江北路上的10kV市政高压电源，或者就近的380kV低压电源。

(4) 在主入口处设置一座100线的电话交接箱，玲珑花界内的办公、管理和公共电话由此处引入。

三、主要技术经济指标

内容	面积（m²）	比例(%)	备注
建筑占地	3468	2.19	包括已有建筑
道路铺装广场	29305	18.47	
水体	21074	13.28	
绿地	104850	66.06	
总用地面积	158697	100	

四、投资估算表

序号	项目名称	内容	单价(万元)	估算投资（万元）
1	建筑、装修	水苑弄月建筑群、管理用房	0.24 万元/m²	559.2
2	水体	水体开挖、地形整理、构筑池壁	0.02 万元/m²	484.7
3	道路铺装	片石、卵石、板木、瓦等	0.015 万元/m²	439.6
4	构筑物	亭、廊、钓鱼包厢、钓鱼栈台、各式桥		138.8
5	峰石	木化石		32.5
6	灯光背景音乐	照明灯、艺术灯(庭院灯、草坪灯)		86.3
7	水处理系统	喷泉、喷雾、喷灌系统		38.6
8	雕塑			43.6
9	生态公厕			9
10	绿化		0.006 万元/m²	629
	总　计			2461.4

现状分析图

总平面布置图

瘦西湖玲珑花界鸟瞰图

竖向设计图

景点结构图

瘦西湖玲珑花界扩建工程规划设计

水苑弄月与二十四桥景区局部鸟瞰图

西大门（主入口）效果图

绿化景观规划图

植物景观（一）

植物景观（二）

植物景观（三）

瘦西湖玲珑花界扩建工程规划设计

园路铺装

亭廊

休闲坐凳

海南陵水南湾自然保护区猴岛旅游景区规划

一、南湾半岛概况

1. 地理位置

规划区位于海南省陵水县南湾半岛,东经110°,北纬18°23′。该半岛距陵水县城15km,西、南两面临南海,北面为内海,东北部连接陵水县陆地,新村港是南海与内海之间的通道。南湾半湾面积26km²(含滩涂面积),海岸线长20km。

1965年,南湾半岛建立了我国第一个以保护猕猴(灵长类动物)为主的自然保护区。

2. 自然环境

南湾半岛地貌属滨海台地丘陵,由三段山体组成,呈东西走向,山势陡峻,最大坡度达80°,一般为30°~45°。东段山体有虎岭、尖峰岭、六凉等峰峦10余座,海拔100~210m;西段主要有南湾岭、石头岭、山牛坡等10余座山峰,平均海拔200m以上;中部系一座名为尖岭的孤山。南湾岭海拔256m,是半岛最高峰。由于长年受滨海气候的影响,大部分地区特别是南面岩石裸露,形成许多石林、峭壁。

二、资源概况

(一)自然景观类

1. 山景

南湾半岛系一东西走向的山体,20余座山峰延绵起伏长达15km。宛如长虹卧波,蔚为壮观。

2. 水景

(1)海域海湾　半岛南、西两向濒临烟波浩瀚的南海,北面是宁静的南湾。

(2)滩涂　海滨滩涂地约6km²。

(3)水塘、鱼池　南湾村内有水塘和鱼池多处,面积共5亩左右。

3. 地景

(1)海岛　白排岛距海岸百余米,由10多座岩石构成的小岛形成,岛上怪石嶙峋。环岛海域海洋生物众多,珊瑚礁五光十色。

(2)岩礁　西海岸有岩礁数处,较大的一处面积约1000余平方米,岩礁千姿百态。

4. 天景　(1)台风;(2)海潮。

5. 动植物类

(1)动物　动物种类繁多,国家级和省级保护动物有28种。

a.猕猴　猕猴属灵长目猴科,国家Ⅱ类保护动物。南湾猕猴为亚洲罕见。南湾自然保护区系以保护猕猴为主的自然保护区。

b.蝴蝶　半岛有蝴蝶89种,其中17种为海南特有种(亚种),5种为海南新记录。蝴蝶是半岛常见且最引人注目的昆虫。

c.热带鱼类　海洋鱼类700多种,网箱养殖的主要有石斑鱼、马鲛鱼、金枪鱼、龙虾、鱿鱼等。新村港是世界一流养殖天然良港,为我国石斑鱼养殖基地。

d.稀有珍珠贝类和南珠　新村港是我国重要的珍珠养殖基地,位于该港的海陵珍珠养殖场以天然海水养殖马氏珍珠贝和白蝶珍珠贝,是我国著名的南珠养殖场。马氏珍珠贝所产的珍珠是世界上最著名的珍珠。

(2)植物　植物资源丰富,植被茂盛,终年常绿,热带水果、花卉四季飘香。有国家级和省级保护植物5种。

a. 海南龙血树　山坡成片生长,该树树型奇特,年年开花结果,既可观赏亦是猕猴的食料。

b. 椰树防护林带　生长在南湾海滨沙滩上的椰树葱翠茂密,交错相连延绵数公里,一派南国风光。

c. 次生季雨林　典型树种有厚皮树、曼加青梅、黑嘴蒲桃等。

d. 红树林　南湾红树林的优势树种为杯萼海桑、红榄李、红树、光瓣海莲。

e. 热带果木　椰子树、芒果、树菠萝、蕃石榴、杨桃、香蕉。

(二)人文景观类

• 民情风俗

(1) 蛋家文化　蛋民是古代我国东海沿海的少数民族。蛋人水居，以船为室，每艘船住一家人或一个小家族，或采珠，或捕鱼。蛋家世代相传的是口头文学，并较多地保持了古代百越人的风俗。其图腾崇拜为蛇，祀蛇而称龙种。这些都构成了"蛋家"特有的社会与民俗文化。

新村镇的"蛋家"来自福建泉州和广东南海、顺德等地。有渔排458个，从事海水养殖和种植业。

(2) 地方物产　田心鸡、黑底米、加摄槟榔、桃丛篓、黎亭椰子、南仰番茨、坡留香蕉、石井杨桃、大宁萝卜等九种。

(3) 石贡遗址　新石器时期文化遗址，省级文物保护单位。

(4) 三江庙。

(5) 游览客运索道。

综上所述，本区资源特色主要体现在如下三个方面：①稀有的南湾猕猴物种；②独特的蛋家民俗文化；③绮丽的热带海岛风光。

三、开发建设条件

• 有利条件

1. 区位条件

(1) 旅游交通区位优势　客运索道和渡海游船均可快速往来于旅游区与新村镇之间。新村镇紧依东线高速公路和海榆公路，交通十分便捷，极大地方便了游客进出。

(2) 旅游市场区位优势　海南是我国旅游大省，拥有丰富的旅游客源。本区处于该省琼东与琼南两大省级重点旅游区的交汇处，对吸引各方游客具有潜在的优势。

(3) 旅游网络区位优势　南湾猴岛介于万宁的兴隆温泉、石梅湾、东山岭等和三亚的大东海、三亚湾、天崖海角、亚龙湾、南山、海山奇观等众多的旅游点及环岛黄金旅游干线之间，深受这些旅游点、旅游干线的辐射影响，构成资源互补的旅游网络。

2. 旅游发展条件

(1) 启动依托条件　现状基础设施具有一定的基础，猴岛公园的接待与管理积累了一定的经验，启动条件优越。

(2) 资源构成与特色　南湾半岛拥有以猕猴为主的多样的、稀有的、有代表性的生物物种和丰富的饮食资源以及独特的饮食文化，具有较高的生物学价值、美学价值。为开展与猴同乐、人猴交流以及其他多样的旅游活动提供了广阔的空间。

至今，南湾是世界上惟一的热带型海岛型猕猴保护区，是我国研究灵长类动物环境容纳量和动物种群增长制约因素的科学研究基地，因而它具有很高的研究价值。

3. 不利因素

(1) 南湾半岛能利用发展旅游的土地面积和淡水资源都非常有限，制约了该地区的游客承载量。

(2) 规划区用地局限。

(3) 规划区内植被恢复效果较差，且城市化、人工化趋势较严重。

四、规划目标

通过规划的实施有效地保护作区域性的特有物种——南湾猕猴种群，有效保护区内生态环境的完整性和物种的多样性，使之能够永久地保持系统的自身发展与演替规律，使整个保护区成为永久性的科学研究基地和科普教育基地,并成为保护区实施旅游开发的样板示范区,使这处自然遗产永久地造福于人类。

五、规划构思与旅游景区形象导向

(一)规划构思

结合特殊的用地条件,规划新建的景点向东面和北面的海滨发展,使之尽可能地远离核心保护区,同时拆除现状位于核心区内的望海亭、佛像以及其他雕塑等,禁止游人上山;减轻旅游猴群的负荷,恢复猕猴行为的自然野性,真正体现人与自然交流,营造人与自然对话的和谐气氛,表达有效保护和维持、改善动物,特别是南湾猕猴种群栖息与生育地的环境完整性;提供观察自然、游戏自然、寓教于乐的场所与素材;创造有绿荫、花草树木的绿地环境的设计理念,最终形成"活泼"、"自然"、"回归"、"野趣"的整体格局。

(二)形象导向

1. 功能定位

以观光游览、休闲康体为主的旅游功能,并成为我国一流的猕猴(灵长目)研究基地和野生动物保护生物学的研究基地。

2. 形象导向

规划体现"主题突出、功能多样"的开发建设方针,打造南湾猕猴品牌,营造"一睹南湾风光,共享猕猴亲情"的旅游环境,建设以展示猴文化为核心,集观光、休闲、科普、探险于一体的旅游胜地。

因此,本景区的主题形象为:生态猴岛、万物共存。

六、总体布局与景观规划

(一)总体布局

1. 布局原则

(1) 保护自然生态和生物多样性。
(2) 统筹安排、合理布局。
(3) 各功能区具有相对的独立性、完整性和景观特征的差异性,并整体和谐协调,有利于游览路线的合理组织与管理方便。

2. 结构形态

规划以优美的海岸线为链,各游览小区串缀其上,呈环状镶嵌于秀丽的南湾半岛海滨。

3. 功能分区

本景区由综合管理区和游览区两大部分组成。出入口设在管理区。

(1) 综合管理区:该区系位于新村镇索道下站的入口广场,结合已建的下站工程,配套完善旅游购物、餐饮、停车场等设施;以陵水特产——南珠为主题,规划明珠广场和改造原有游船码头。入口广场面向内海,极目远眺,南湾半岛、海上渔排尽收眼底。此处是游客进入猴岛的惟一通道,也是感受南湾的第一站。

(2) 游览区:主要集中在南湾半岛,由疍家渔灯、人猴同乐、猴岛探秘、南湾风情和白排揽胜四部分组成。

(二)竖向规划

本景区原则上保持原有地形地貌,仅在局部进行调整。

1. 水景体系

结合现状水塘和溪沟,经改造后形成完整的水系。本区域内主要有南溪和花溪。

(1) 南溪源自水帘洞天,穿行于"人猴同乐"区,最终注入鹭湖。其间形成多处小水面:圣猴潭、长湖、月湖、鹭湖和猕猴游泳池等。南溪补充水源系井水。溪底卵石铺砌,少水时则局部溪段为旱溪。

(2) 花溪位于"猴岛探秘"区,补充水源亦为井水。

(3) 椰子塘:原南湾村近海边鱼塘,适当改造塘形岸线。

2.叠石

进入猴岛的公路对山体的完整性和自然度造成一定的破坏,规划在整修山形时结合具体情况和造景需要叠石或置石,配以花草树木,使其自然成景。如水帘洞、猴山等。

3.延山

南湾村经长年累月的开垦,地形破坏较严重,规划顺村庄南部的自然坡延山至其中部和北部,呈延绵起伏状,形成的小山丘既打破了原地形的单调又起到分隔空间的作用,亦为植物造景提供良好条件。

(三)景观规划

1.蛋家渔灯区

新村港的渔排与大海、青山融于一体,这里是寻找逐渐失落的"蛋家"文化的场所,亦是体味渔人生活的去处。主要项目有品尝南湾海鲜、观赏热带海洋鱼类、见识天然海水养殖马氏珍珠和白蝶珍珠贝,同时可尝试开珠取贝的乐趣及有关"蛋家"民俗的轶闻趣事。规划现游船码头往西移,以形成相对独立的出入通道。

(1) 新港渔排　新港镇渔民进行海上养殖业的基地,458个渔排分成几组纵横交错有序地排列在港湾,漂浮在海上,场面十分壮观。渔民们世代在此劳作。"渔排"具有浓郁的"蛋家"民俗文化氛围。

(2) 百猴石　该石坐落在现游船码头的停车场,其上镌刻名家书写的100个不同字体的"猴"字。

(3) 石贡遗址　该处系省级文物保护单位。规划在原址复原部分遗址场景,并立保护碑。

(4) 埠舟唱晚　该建筑造型为停泊在海岸的两艘吸取福建泉州传统渔船形式,融入本地特色的蛋家膳舫。

新村镇"蛋家"一部分由福建泉州迁徙而来,这组船能勾起他们对故乡的追忆。

(5) 廊桥观鱼　用三组网箱养殖热带鱼,游客们可在行进的过程中悠闲自在地观赏色彩斑斓的热带海洋鱼类。

(6) 开贝取珠　海陵养殖场。

2.人猴同乐区

以现有猴岛公园为基础,适当扩大范围,进一步改善环境、丰富内容和提高品味,从而达到雅俗共赏的目的,为游客提供一处人与猴"对话"、嬉戏和开心逗乐的场所。

(1) 百猴迎宾　众猴聚集在藤架围合的迎宾广场以不同方式迎接远方来客。迎宾猴身着"礼服"在迎宾曲中升旗向游人致意,其余的则爬上树枝、花架活跃气氛。

(2) "人与自然"　青铜雕塑,体现达尔文提出的"我们保护人类和所有其他的物种都依赖的世界自然系统的结构、功能和多样性,否则发展就将损害自己并导致失败"这种理念。

(3) 水帘洞天　结合地形修整和叠山引水,形成山洞相依、飞帘瀑布的景象,为猕猴创造一处歇息、嬉戏之地。规划近期保留观猴厅及散石点缀的小广场,作为游客观猴处。

(4) 猕猴王国　为游客观看猕猴表演与观察其行为特征的场所。

a. 表演中心　设置表演舞台、草地自行车等。

b. 猕猴行为园　规划亲情园、戏猴坪等,以室内外相结合的方式展现猕猴群居生活,其领土不可侵犯;群内等级森严,王者至尊;风花雪月,败者为寇;欢乐童年,母子情深等等,游客至此,可目睹猕猴风采。

(5) 水月岩云　南溪的水流到这里,汇成一处宁静的湖面,湖中的神仙岛和猴山与老树、古藤浑然一体。此处群为猕猴游泳池、跳水池和戏水池。岸边设休息亭。

3.猴岛探秘区

本区与"人猴同乐"区毗邻,位于一片长满树林的自然坡谷地内。规划恢复热带季雨林,重现野趣、古朴的环境,让游人走进南湾,解密猴岛。

(1) 南湾猕猴研究中心　规划为永久性的科学研究基地,是景区的重要组织部分,具有严密的科学性、趣味性和普及性。以高科技手段再现300年前的猴岛,讲述它300年以来的沧桑历程,讨论一个永恒的话题——人类呼唤生态文明。

作为景区中的主体建筑物之一,其布局顺应地势起伏,以水平伸展的形象融入自然之中。

(2) 百鸟和鸣　仿热带季雨林群落,并在林中空地或树干枝头设置饲饵台、集虫板、观鸟屋、小动物栖息石堆和枯木堆以及各种仿巢居式的休息屋,让游人走进森林,钻进"鸟巢"、"蜂窝"、"洞穴",感受大自然的恩惠。

(3) 花溪蝶谷　利用在自然谷地中原有两处小水塘,规划以小溪连接形成动态的流水,名"花溪"。栽花引蝶,营造森林鸟类和水边鸟类的栖息地。

(4) 悟空岩画　一处讲述中国人家喻户晓的孙悟空,并以此为题材但尚未完成的石刻连环画廊,留下的空白处为游客至此即兴作画,将他们心目中的"猴王"留在南湾。

(5) 醉红坡　大片疏林花地。

4. 南湾风情区

本区位于现南湾村。规划以旅游购物为主,并可体味椰树轻风、海的气味、海滩逐浪、追蟹捡螺的乐趣。

(1) 风情购物街　仿黎族船形屋的猕猴专卖店,店内出售当地特制"猕猴"制品:猕猴玩具、猕猴衬衫和短裤、猕猴书、猕猴挂历、明信片、猕猴伞、猕猴提包、旅行帽等以及风物特产。

(2) 海上森林　恢复从自然保护站至原游船码头的滩涂红树林植物,形成优美的海岸景观和优良生态环境。

(3) "勿忘我"广场　以黎族历法中的12种动物:鸡、狗、猪、鼠、牛、虫、兔、龙、蛇、马、羊、猴制成雕像,置于按历法顺序排列的12根着色的水泥柱顶部。这些动物雕塑好像在与路过的人亲吻。

(4) 十里椰林　海边的小道穿行在树影婆娑的椰林中,路随树转,蜿蜒曲折直达椰林广场。游客至此,可爬树采椰果、喝椰汁,别有一番风味。

5. 白排揽胜区

位于南湾半岛以西的海滨和白排岛。该区充分展示海岛的阳光、沙滩、碧浪、绿荫与空气。开展海水浴、海上快艇、沙滩戏水、海底潜水、观台风看风浪、远海垂钓、拉网捕鱼、浅海观礁看鱼等活动。

(1) 白排潜水;

(2) 台风观浪　观浪台设在隧道哨所处。

(四)建筑与小品

猴岛景区的风景特征是以自然、野趣、古朴取胜,碧海蓝天、山色交相辉映。因此,该区内所有建筑应体现和强化这一风景特征,并按工程施工

主要规划景点一览表

序　号	名　称	位　置
1	海南明珠	综合管理区
2	百猴石	疍家渔灯区
3	石贡遗址	疍家渔灯区
4	埠舟唱晚	疍家渔灯区
5	廊桥观鱼	疍家渔灯区
6	百猴迎宾	人猴同乐区
7	"人与自然"雕塑	人猴同乐区
8	水帘洞天	人猴同乐区
9	猕猴王国	人猴同乐区
10	水月岩云	人猴同乐区
11	南湾猕猴研究中心	猴岛探秘区
12	百鸟和鸣	猴岛探秘区
13	花溪蝶谷	猴岛探秘区
14	醉红坡	猴岛探秘区
15	悟空岩画	猴岛探秘区
16	风情购物街	南湾风情区
17	"勿忘我"广场	南湾风情区
18	十里椰林	南湾风情区
19	海上森林	南湾风情区
20	台风观浪	白排揽胜区
21	白排潜水	白排揽胜区

生态化要求建设。遵循建筑体量宜小不宜大、建筑布局宜散不宜聚、建筑风格"宜土不宜洋"的原则；遵循因地制宜与自然环境和谐协调的原则。

建筑允许层为1~2层，不得超过3层。在设计手法上探求用现代的设计理念来诠释传统的建筑形式，创造既有传统韵味又具时代精神的新景观建筑。

(五)村民安置

本景区内，需要安置的对象为南湾村村民，共48户，325人，其中劳动力164人。规划南湾村村民整体从旅游区内迁出。本着拆迁与旅游区建设和农民致富相结合，以及服务旅游、扶持拆迁户的原则，按照"政府引导、市场运作"的办法，实行开发式安置，政府为拆迁户提供劳动就业的场所和条件，提高待业者的整体素质，使其按照市场经济的要求，自我发展，自主经营，走上安居致富的道路。

七、生物多样性与环境保护规划

(一)规划原则

(1)绝对保护原生生态系统的原则。

(2)根据原生系统被破坏区进行抚育和更新的原则。

(3)旅游开发坚持保护第一，开发与保护相结合的原则。

(二)生物多样性保护

1. 生物多样性概况

(1) 植物多样性概况：

① 保护区内记录的被子植物274种，分属78科；植物群落有5种类型，次生季雨林为最典型的群落。被子植物多数种类的生活性是灌木和小乔木，真正雨林中的大乔木种类不多，因此次生季雨林在群落多样性方面较好，灌木林在物种多样性方面较好。

② 红树林植物9种，分为4个群落类型。与广东深圳内伶仃——福田、香港米铺、广西山口的红树林比较，南湾红树林物种/面积比例最高，嗜热性物种相对较多，物种多样性优于内伶仃。

(2) 陆生脊椎动物物种多样性：

① 哺乳类动物 记录的兽类8目10科19种，其中国家级和海南省级保护物种7种，占36.8%。

A. 鼠类7种。

B. 猕猴及其他哺乳动物群落：

a. 猕猴29群2000余只，分布以核心区最集中，其密度已超过200只$/km^2$。

b. 赤鹿和水鹿，分布在核心区，约30~40只(1994年统计)。

c. 蝙蝠、豪猪、海南兔等。

② 鸟类 53种，其中国家Ⅰ、Ⅱ类保护动物和海南保护动物9种。

(3) 昆虫物种多样性：经鉴定的有495种，其中一个中国新记录属，5个海南新记录种。南湾半岛捕食性天敌昆虫种类比较丰富，达100种以上，占已知种类的20%；危害性昆虫有4类。

① 蝗虫 经鉴定的有5科23属26种。

② 蝴蝶 经鉴定的有9科60属89种(亚种)，其中17种为海南特有种(亚种)，5种为海南新记录。

③ 蜻蜓 经鉴定的有3科10属14种。

④ 白蚁 经鉴定的有3科19属42种。

(4) 滩涂生物群落 滩涂生物经鉴定的有8门89科207种。其中鱼类有44种，软体动物有10种，分属41科。

2. 南湾猕猴

南湾猕猴种群是亚洲稀有的岛屿型种群，是南湾主要保护物种，其体形明显小于大陆猕猴的体长和体重。据有关资料提供，自开放旅游以来，南湾猴群在一定程度上受到人工半驯化的影响，旅游猴群的个体体质有明显下降，有普遍和严重的猴肺刺螨寄生。

3. 生物多样评价

(1) 生物学价值。与南湾保护区性质相同、地理特征相近的深圳内伶仃——福田国家级保护区进行比较，在物种长度、物种/面积比和其他生物多样性内容，生物条件价值方面南湾的高于福田内伶仃的；南湾猕猴的增长潜力比内伶仃的大，且南湾猕猴是海南地方性的特有亚种。据海南省寄生虫病研究所的研究，至今只在海南猕猴身上成功地感染了班氏丝虫，为深入研究热带流行病提供了条件。

(2) 保护的条件因素。南湾的保护区级别、居民人口、保护区形状、保护方式等诸方面条件不如内伶仃的，但保护时间、区内面积、自我积累能力方面南湾的条件优于内伶仃的。

(3) 美学、科研价值。南湾的旅游资源比内伶仃的丰富。南湾除有猕猴外，还有丰富的海洋岛屿资源、独特的饮食文化和饮食资源。

南湾至今是世界上惟一的热带海岛型猕猴保护区，是我国研究灵长类动物的基地。在实验动物小型化日显重要的今天，小体形的南湾猕猴作为实验动物具有很大的开发前景与价值。

4. 人类对生物多样性的影响

人类活动是影响南湾生态环境变迁的重要原因。主要表现在以下方面：

(1) 对生物物种和生物群落多样性的影响：

300年前，森林几乎覆盖整个南湾半岛，其中包括青梅、乌墨、母生等优质树种，动物有猕猴、水鹿和小爪水獭等。17世纪末期南湾开始了人类定居的历史，随着人口增长，种植业不断发展，在1680~1940年的260年间，特别是1910~1940年期间，南湾半岛所有坡地森林已全部被开垦作为耕地，加之在日本侵占海南期间，在南湾的石头山和尖峰岭修两条隧道，大肆砍伐林木，致使森林植被面目全非。到20世纪50年代至60年代早期，山上的森林也遭到严重破坏。50年代前水鹿被猎捕殆尽，60年代中期猕猴仅残余5群，约100只，有的整群猴全部被捕尽。由于山林蓄水减少、水塘干枯、溪流断流或淤积，小爪水獭丧失了栖息环境。青梅、母生等优质树种在南湾山上已所剩无几。

自从1965年建立了南湾保护区后，动物资源得到了恢复和发展，猕猴种群数量从1965年到1994年的30年间，年平均增长率达到9.7%。同时野生动物引种保护取得成功。如水鹿等。

(2) 对自然景观的影响：

①南海周围有近20km的海岸，其中80%左右的区段是沙滩，在西向南海的沙滩里富含钛矿。在20世纪70年代末80年代初，数百人在此盗伐全部沙滩防护林进行采矿，造成沙土流失，海岸自然景观被破坏。

②滩涂围垦、围网和将红树林作为薪炭用材，在海湾沙挖取各种海产等活动，致使南湾的红树林面临毁灭的危险。

③东西两段山体之间的椰子塘，水面数公顷，常见成群的野鸭、白鹭等在此栖息出没，但自从开采钛矿以来，塘里的淡水被抽取用于筛洗钛砂，导致塘水干枯，野鸟绝迹。

5. 保护内容和措施

南湾半岛的生物多样性与同类保护区相比较，总体上相对丰富，且并具地方特色，在保护我国猕猴遗传多样性及自然栖息地多样性工作中，南湾具有重要的地位和价值。早在70年代，WHO组织和ECG组织呼吁保护灵长目现有种类的多样性，并保证所有物种有代表性的、自我延续的种群在其自然栖息地的生存。

(1) 主要保护内容：

①猕猴种群的栖息地的完整性及猕猴种群的发展(自我延续性)。

②在遭受到严重破坏后的生态系统恢复历程。至今在热带地区人们已经逐步认识到保护雨林的意义和重要性，而忽视了对恢复中的生态系统的保护。

③保护区内的生物多样性的保护。对生物多样性的保护范围应包括区内所有的生物物种，不

仅保护国家和省已颁布的保护物种，还要保护非国家和省颁布的保护物种，特别对那些有食用价值的动物，如蝙蝠类、蛇类、鹧鸪、鹌鹑等。使之有利于保护区内生物多样性的发展和保护生态系统的完整性。

④延伸保护范围与内容，加强对保护区周边环境的保护。

(2) 保护措施：

①建立猕猴疾病预防中心和健康保障体系。对南湾旅游猴群肺刺螨病采取积极治疗和防预措施，防止传染病的暴发流行，以保其种群的健康发展。

②由主管部门和当地政府依法制定南湾自然保护区管理条例和实施细则，并依法界定南湾自然保护区的旅游范围。目前，南湾旅游猴群的活动范围位于保护区的核心区，这一带猕猴种群密度已超过200只/km²，是南湾生物多样性最丰富的区域。本次规划新的景点最大限度远离核心区，旅游活动向海岸、海域发展。

③由主管部门和当地政府制定并公布和宣传南湾保护区旅游管理条例及实施细则，任何进入保护区从事旅游业者和游客都必须遵守。

④规范旅游管理行为，组织旅游必须加强游客保护意识教育并落实如下旅游管理措施：

a. 坚决杜绝游客用外来食物逗引猴子，投喂猴子的食物应为专门配制的喂猴食品。

b. 固定观猴的地点和配套的猴子投食点。投食点为水泥地面，应每天专人定时消毒。

c. 限制观猴厅游人量，尽可能减少或杜绝人与猴的直接接触，坚决杜绝追赶猴子和逗引猴子打斗的行为。

d. 随时清扫观猴点及其附近的垃圾，并在规定的地点予以集中焚烧。

⑤旅游开发必须严格按规划执行，并严格基本建设程序。各项建设工程必须以不动或少动土方为原则，以不动或少动树木为原则。

⑥旅游猴表演建议限定每日表演场次和表演时间。

(三) 环境保护规划

1. 环境质量现状

(1) 森林植被环境　规划区整体植被覆盖率较高，但典型的热带季雨林树种缺少，西面海岸防护林全部被毁，东边海湾的防护林连续性较差，滩涂红树林被毁。

(2) 海域水质　据资料提供该海域的水质良好，海水无污染。

(3) 大气环境　规划区没有任何工业，且地广人稀，空气新鲜，大气环境现状质量良好。

2. 规划原则

(1) 维护景区生态环境平衡，把保护旅游资源和不断提高旅游环境质量作为规划总目标。

(2) 正确处理资源保护与利用的关系，让保护贯穿于旅游资源的开发利用的始终，确保开发和利用控制在生态环境能够承受的范围内，做到各项人工设施不破坏景观环境质量。

3. 保护措施

(1) 建立健全的环境监测机构，坚持经常性的常规监测和对重点污染源监测，为环境管理和治理提供科学依据。

(2) 增加森林覆盖率，恢复和营造热带季雨林植物景观，亦为本地区生物多样性发展提供栖息生存环境。

(3) 环卫设施　每隔50m设置分类处理的垃圾箱，垃圾应跟踪清扫；游览区内旅游垃圾和生活垃圾日产日清。建议在适宜地建设垃圾填埋场。

(4) 防止水体污染：①游览区规划有溪流、猕猴游泳池、观赏水面等水体，必须保证水体的水质清洁，严禁游客涉水和向内丢弃废物以及倾倒饮料、矿泉水等，生活污水须经处理达标后才能排入大海；②规划旅游厕所6处。

(5) 采取多种形式，加强对生态环境保护的宣传力度。

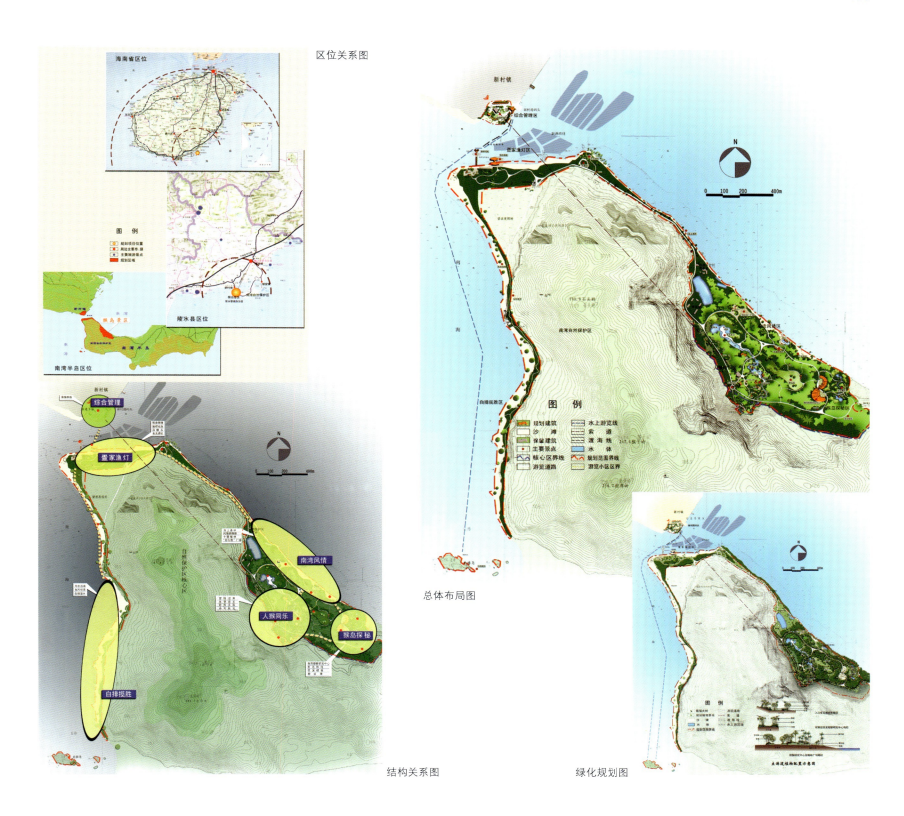

区位关系图

总体布局图

结构关系图

绿化规划图

海南陵水南湾自然保护区猴岛旅游景区规划

综合管理区总平面图

方案一
方案二
方案三
疍家膳舫

海南明珠

小卖部

百猴石

标志门

花果山 水簾洞 旱山水

水簾洞

花果山

旱山水

台风观浪台

南湾猕猴研究中心

海南陵水南湾自然保护区猴岛旅游景区规划

MONKEY

旅游标志

猴岛工作人员服装（二）

猴岛工作人员服装（一）

猴岛工作人员服装（三）

三亚市山海天大酒店
——福如东海旅游景区概念规划

一、概述

福如东海旅游景区位于三亚大东海旅游风景区，属山海天大酒店用地范围。东临大东海，西靠龙首山，毗邻三亚著名景点鹿回头，陆地面积约 4500m²。陆地现状主要为礁石，整体地形起伏不大，相对较为平坦，是建设旅游景区的上佳之地。自古至今，人们朗朗吟诵"福如东海"仙境即此地，现仍留有摩崖石刻"聚福洞""福"。

二、立意

致力于将景区打造成为富有地方特色的，充满独特魅力的，有着深刻思想含义的旅游景区。其宗旨是景区与自然体系之间建立起互相依存的关系，为游人创造享受自然的美好空间。它既满足人们身体精神上的需要，又是休闲娱乐、自然生态、工程技术、科学文化与艺术等诸多方面结合的旅游景区，同时借助南山景区名牌，组成"福如东海、寿比南山"姐妹篇，成为城市旅游的重要组成部分。

三、构思

(1)坚持以人为本的设计原则，充分考虑人的活动心理及休憩行为，每处设计均从人体工程学出发，充分体现环境对人的关怀，并注意与地方文化历史相结合，创造出富有人情味的濒海景观。

(2)坚持生态环保的原则，充分利用现有地形、地貌，注意形成地方特色。

(3)把握文化脉搏，融入人文环境，与以山景为主题的南山佛教文化对应，建成生态自然的濒海景观。

四、创作

1. 主题

祝福——以"福如东海"为景区命名，这一主题旨在能够提醒人们勤于奉献，用自己的行动为国家、为民族、为亲人祈福。人人献出一份爱心，世界将变成美好的人间。

2. 宗旨

体现"人的自然化和自然的人化"，实现一种变化丰富，富有人情和特色的濒水景观。

3. 布局

"仁者乐山，智者乐水"为创作源泉，充分利用大东海的广阔海面和西侧山体，以栈桥和海上平台构成水陆的连接，同时创造丰富的亲水空间。以凌空栈道和"悬空寺"为载体同山体发生关系。设计遵循"山环水抱"画理。着意"山有宾主朝揖之势，水有迂回萦带之中情"，一派峰回路转，水流花开的自然风光。

4. 景点

(1) 滨海大道　用较为现代的处理手法营造一种磅礴的气势。沿挡墙布置半悬挑花槽，游人既可于此嗅香风、听海鸣，又可凭栏远眺。

(2) 九曲回廊　曲曲折折的回廊，时而陆地，时而水上，大有"山重水复疑无路，柳岸花明又一村"之势。

(3) 福如东海　是景观向山体的延伸，曲折的凌空栈道，神似山西悬空寺的琼楼玉宇，因地势变化而高低错落，极富层次和变化之美，酷似仙境。

(4) 九天揽月　海上的观景塔，借鉴古代建筑的"外五内九"、"九五至尊"，可凌空俯瞰山海之趣。

(5) 海纳百川　大海有纳百川的气度，人也应有"宰相肚里能撑船"的海量，人们可于此体会更深的为人处事的的境界，"大肚能容，容天下难容之事"。海上神台，供奉"福神"雕塑及相应的音响、喷水设备。

结束语：本规划设计本着因地制宜、随遇而安、顺理成章的人与自然的协调，古今文化的交融，地方特色与时尚相结合的原则，力求简洁而不简单，朴实而动情。努力将设计做成有影响、有内容的作品，并与"寿比南山"齐名，成为海南旅游的闪光点。

总平面图

平面布置图

区位分析图

三亚市主要旅游景点分布

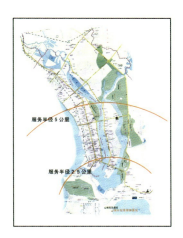

三亚市山海天大酒店——福如东海旅游景区概念规划

鸟瞰图

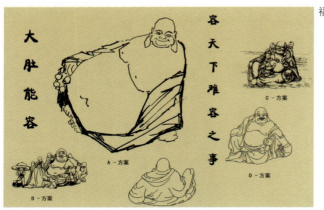

福神雕塑

观景廊

福如东海景点效果图

仿浪木景观

三亚市山海天大酒店——福如东海旅游景区概念规划

红树林海滨生态公园总体规划

一、概况

1. 规划基址现状概述

红树林海滨生态公园（曾用名：沙河口海滨生态公园）东与广东内伶仃——福田国家级自然保护区（福田红树林区）毗邻；北依滨海大道，南部濒临深圳湾，隔海与香港遥遥相望；西为城市滨海绿地。系一处修建滨海大道时填海造陆之地，也是深圳市区距海最近的地带。用地呈矩形，东西向长，南北向短。规划总面积20余公顷。

地形略有起伏，地势东北部高西南部低，坡向深圳湾。园路系统路基本形成。主园路为海边观光道，其北面与滨海大道的侨城立交人行道连接，然后由东至西沿海边边防巡逻道内侧一直通往蛇口；次游路贯穿园区，四向均与主路相通。

园内已栽种植物近160种，植物绝大部分为本地常见树种，主要有：南洋楹、大叶榕、橡胶榕、小叶榕、海南椰子、酒瓶椰、大王椰、鱼尾葵、刺葵、木棉、桃花心木、秋枫、桂花等；灌木及地被植物主要有：毛杜鹃、马樱丹、露兜树、红绒球、龙船花、银叶树、福建茶、金叶女贞、银边草、红背桂、朱蕉、黄心榕、希美丽、肾蕨、白蝴蝶和马尼拉草等。公园东面移栽了几十株大荔枝树。植物生长状况较一般，部分树苗过小。

公园北面设置了一处入口广场、小型停车场和报警亭。正对入口处有一巨石，上书"海滨生态公园"几个大字。沿边防巡逻道上设置有瞭望哨所和警示牌。绿地喷灌设施大部分已设置。

因该公园地理位置优越，故自初步建成以来，前往观鸟、观海、游憩的深圳居民络绎不绝，与日俱增。

2. 福田红树林区概况

福田红树林区位于深圳湾东北岸，西与海滨生态公园紧连，是一处由红树林、滩涂、基围鱼塘、陆上林木、丰富的底栖动物组成的复杂的生态系统，为我国重要的湿地之一。该区红树林呈带状沿海岸分布，长5km，宽30～300m，高3～7m，覆盖率达80%以上。自然生长的真红树植物有4科5属5科，半红树植物有6科6属7种；引种的真红树植物有2科3属7种，半红树植物3科3属3种。陆域植物有41科98种。

红树林区有各种水鸟、陆鸟聚集栖息、觅食、繁殖。鸟类计有18目45科189种，其中属国家重点保护的有23种。在全区的鸟类中，有陆生鸟类5目19科55种(详见附表一、附表二)。

福田红树林区是我国惟一位于城市市区边缘的保护区，亦为东半球候鸟南迁北徙的"歇脚地"和"加油站"，每年有10万只以上的鸟类迁徙到此地。

根据调查资料，该区内大型底栖动物共有7门9纲47科66属86种。其中数量众多的弹涂鱼类为红树林区一大生动的生态景观。其水域内还有丰富的藻类，林中有多种昆虫和其他动物。

二、规划依据、要求与期限

1. 规划依据

(1)《深圳市城市总体规划》。

(2) 甲方提供的资料：

a. 1：5000《深圳市规划国土局建设用地方案图》。方案号：2000—43

方案名称：小沙河口生态公园　批准日期：2001.11.16

b. 滨海大道环境景观工程侨城东立交绿地喷灌平面图（竣工图）。

c.滨海大道西段绿化工程侨城东路立交环境设计竣工图——生态林地。

d.生态公园苗木表。

e.1:500深圳市沙河口海滨生态公园辖区图。

(3)《公园设计规范》CJJ48—92。

(4)《广东内伶仃——福田国家级自然保护区（深圳市福田红树林区域）总体规划》1999年。

2.规划要求

在深圳市城市总体规划中，该地段为城市绿地，深圳市政府和规划国土局确定在此修建一处海滨生态公园，该公园由红树林保护区管理，需对外开放。考虑满足观景和景观需要，园内以休憩绿地为主，仅修建自然观察台和必要的休息、服务、管理等少量人工设施，且这些设施应隐于林中或选址于远离红树林区的公园西部，以尽可能减少对红树林鸟类的干扰，维护湿地生态系统的完整性。

3.规划期限　2002年～2003年。

三、规划构想

1.理念

本公园规划充分利用和发挥其东临国家级红树林自然保护区的优势，体现人与自然交流，营造人与自然对话的和谐气氛；表达有效保护和维持、改善红树林生育地的环境完整性；提供观察自然、游戏自然、寓教于乐的场所与素材，探索自然生态演变规律；创造有绿荫效果和花草树木的绿地环境的设计理念。

2.定位

鉴于本公园所处位置以及它与红树林自然保护区地域上的不可分割性和功能上较多的互补性，故该公园的功能为：以观察、观赏红树林和红树林鸟类及其栖息环境为主、兼具观潮看海等活动内容，开展科普教育、生态观光旅游、休闲健身的综合性的开敞式公共绿地。

3.游人容量

以游人人均占有面积60m²计算，该公园日游人容量为3150人左右。

4.地形处理与竖向控制

本公园基本保持原有地形地貌。

(1)水景　将中部积水处改造成沼泽湿地，形成一处由水池和溪流组合的动态水景。水池位于园中标高约6.5m处，溪流沿缓丘丘谷穿行成棕榈泉。水景平均水深0.3m，水池最深处1.2m，溪流最深处0.5m。溪底卵石铺砌，少水时局部溪段为旱流。

水景补充水源系喷灌用水，为确保常年为流动的水景，规划于棕榈泉处设置地下循环水装置设备。

(2)石景　园内主要石景有三处：

a.望海台　塑造成仿佛自然生长在山丘顶上的巨石，该石以大的体量一方面满足功能需求，另一方面形成强烈的视觉冲击，成为极佳的观景点和竖向控制性景观。

b.礁石　散置在濒临深圳湾海边的礁石较好地表现了海滨景观。这些礁石有的为海水冲刷后的自然形状，有的则根植于土中与植物紧密结合。

c."海滨生态公园"巨形整体石。

(3)观察台竖向控制点　观察台位于公园东部高地，处在东面和南面观海游览道的视线交点上，它不仅控制整个公园的视线，而且易被园外行人看到，起到公园标志性的作用。

5.景区规划

规划拟将公园划分为四部分：入口区、与鸟同乐区、老幼活动区、海滨游憩区。

(1)入口区　公园主要出入口两处。北入口位于临滨海大道的原入口位置；西入口位于西面的滨海观光道与园区交接处。规划扩大停车场面积，分别设置机动车停车场和非机动车停车场，以方便游人入园。并于北入口处布置公园综合管理服务部并保留治安岗亭，在园区内其他适当地段设置治安岗亭七处。于侨城立交人行道入园处设管理设施及快餐厅，在园东面的地下通道入园处设服务部。

综合服务部系仿木建筑，一层，设管理、小卖部、摄影等内容。

(2) 与鸟同乐区　位于东部，该处与红树林自然保护区仅以道路相隔，红树林及其鸟群观赏是生态公园的"闪光点"，故需安排游人在不同地点和不同的高程，并以不同的方式观赏红树林独特的胎生果实、奇形怪状的支柱根、板状根和呼吸根；林下色彩艳丽的各种蟹类、活蹦乱跳的弹涂鱼和千姿百态的陆鸟与水鸟。本区主要景点：

a.观察台　让人们观赏红树林美景是本公园的重要功能。自然观察台是本公园的主体建筑，布置在公园东部，顶标高为9.50m的山坡上，其布局顺应地势起伏，以水平伸展的形象融入自然之中。游客在此可以从不同的层面和方向观察、欣赏红树林及其鸟类的美景和壮观场面。登上观察台的顶层可饱览红树林保护区全貌。

观察台两层，仿木建筑。一层架空，布置红树林湿地展示室（视听、触摸、情景模型等）和公共厕所；二层布置茶艺室、接待室和观察廊；屋顶平台设休息坐椅、观察望远镜，并供应茶水、冷饮等。置于平台上的鸽亭既可遮阳又是一处景观。观察台布置三处室外梯，游人登梯可达到任何一个楼层。

展示室内运用高科技手段以不同形式向人们全面介绍红树林湿地生态系统方面的知识。

b."人与自然"雕塑　该雕塑体现"我们保护人类和所有其他的物种都依赖的世界自然系统的结构，功能和多样性，否则发展就将损害自己并导致失败。——达尔文"这种理念。

c.鸟语林　种植诱鸟的树木花草，引鸟入林，营造百鸟和鸣的环境，游人至此，可以充分感受树木的自然恩惠和鸟群吱喳欢叫，体验悠闲的空间。设置喂鸟台、唤鸟台、观鸟廊等仿生构筑物。

d.梦广场　系一处疏林草地，喂鸟屋放地上或挂在树枝。为一处游客听鸟鸣、学鸟语、与鸟同嬉戏的场所，亦是夜晚看月亮、数星星升腾希望和梦想的地方。

e.沼泽湿地　规划利用在现状地形中的积水低地营造湿地景观，选择乡土植物形成水生——沼生——湿生——中生植物群落带，为营造一处吸引昆虫和野生小动物生长、栖息的环境，拟最大限度地营造生物多样性的环境，并让游人能走进湿地，亲近自然。池畔铺亲水木制平台和跨越水面的木板桥。带状溪水潆洄曲折，穿行于园中低地之中，流向深圳湾。

(3) 滨海游憩区　该区沿公园海边观光道由东至西展开，艺术再现典型海滨生态景观，营造椰林成片、龙舌兰成丛、岩礁散置的环境。主要景点有：

a.十里椰林　海边观光道绵延数里，道旁主要植物以棕榈科为主。

b.棕榈泉　椰林草地中涌出的流水，流水之上铺以形似棕榈叶的木栈道。

c.观潮岩　礁石散置于绿地中。

d.望海台　布置巨石于公园西部高地标高为8.0～8.4m处。该处视野开阔，游人至岩石平台，可将深圳湾尽收眼底。而巨石内则是游客避风雨的休憩处和公园的服务点。

e.篝火广场　点缀在公园西南部草坪上的电子灯，形成的星星点点的渔家灯光和熊熊燃烧的篝火成为海滨美丽的夜景，也隐含这块土地过去是渔民日出而作、日落而息的地方。

f. 雕塑　"钓"。

g. 渔舟　深圳当地渔民原始的渔船。它是人与大海的桥梁和纽带，体现人与自然的关系，停泊在岸畔的船为人们提供了一处记忆历史和亲近大海的地方。

(4) 老幼活动区　位于该园北部地段。规划布置适宜少年儿童活动的仿生游戏小品和老年人健身的生态小品。主要景点：

a.风车步道 在散步道旁的绿地上布置多座电动风车,沿着步道可一直通往望海台。

b."海洋世界" 以蓝色的卵石和细沙铺砌的"海洋","海洋"中生长着海龟、海马、螃蟹、各类贝壳和鱼类,还有珊瑚树等等,这里是少年儿童欢乐嬉戏的场所,成为他们认识海洋的启蒙地。

c.游戏草坪 草坪中布置石雕、自由鸟和红树林雕塑小品。

d.醉红坡。

e.榕树林。

6.园林建筑与小品

本公园的建筑与小品遵循"少而精"和与自然和谐协调的原则,风格宜简洁大方,色彩尽量采用原色,且呈仿生形态。

园林建筑和小品通过材料本身质感的对比和精致的施工使人们认可,给游人以愉悦,以提高公园整体景观档次。

7.园路和铺装场地

(1)园路 原则上保留原有的路网和宽度以及路面铺装材料,并保留园内原有通往海边观光道的游路。

园路分为三级:主游路系已有海滨观光道,宽6.5m,可供机动车通行,与滨海大道等城市道路衔接。次游路路面宽1.5m,通往园内各主要景点;游览小路宽0.8m。

(2)铺装场地

a.停车场 于北入口和西入口分别设置机动车停车场一处,合计面积10000m^2;于北入口综合管理房北面设非机动车停车场一处,面积约300m^2。

机动车停车场和非机动车停车场均为环保型绿色停车场。

b.其他铺装场地 主要有以下三处:

北出入口、西出入口广场,共计面积1000m^2;梦广场面积1000m^2;"海洋世界"面积260m^2。园内所有铺装场地以嵌草铺地为主。

8.绿化规划

(1)原则:

a.乡土植物为主要种源。

b.出于景观设计的目的,可引用少量特殊的外来种和园艺种。

c.积极引入诱鸟招蜂引蝶的树种。

d.有效利用原有树木、树林和草地,为维持和提高园林的观赏水平,拟淘汰生长不良、观赏性欠佳的树种,适当进行补种、换种。

(2)基本树种 海南椰子、假槟榔、细叶榕、刺桐、木棉等。

(3)主要植物观光带:

a.醉红坡 勒杜鹃、毛杜鹃等组合。

b.椰林道 海南椰、假槟榔、龙舌兰、野露兜、仙人掌等。

c.湿地 风车草、风雨花、石菖蒲、鸟巢蕨等。

d.榕树林 榕树、水仙、洋凤仙等。

e.刺桐林 刺桐、龙柏、白千层等。

f.荔枝林。

9.给排水

(1)给水 海滨生态公园用水主要有公园内的公共厕所、综合服务部的生活用水和公园内水体的补充用水。总用水量最高日约165t,其中:

生活用水量按环境游人容量估算,约82t/天;

补充用水按水体体积的5%补充,约71t;

生态公园内现有一条DN150已竣工的喷灌环状给水管道,可作为生态公园内的各类用水水源。

(2)排水:

a.污水:海滨生态公园内污水主要由公园内的公共厕所和管理建筑生活用水产生。最高日污水量约76t。污水经化粪池预处理后排入滨海大道的污水管网。

b.雨水:现有海滨生态公园四周道路已建成雨水排放系统,生态公园内植被覆盖良好,地势平稳。生态公园内绿地部分雨水采用自然排放方式。入口广场和停车场,雨水经管道收集后排入滨海大道和公园海滨观光道的雨水系统。

(3) 消防 在深圳市城市总体规划中，该地段为城市绿地，生态公园内以休憩绿地为主，仅修建少量人工休息、服务设施。其北面邻滨海大道，东、南、西侧为公园海滨观光道。因此，生态公园的消防设施可充分利用现有滨海大道和公园海滨观光道上的室外消防栓。另外，在生态公园北、西出入口的停车场上各增置2座DN100的室外消防栓。

10. 电力电讯

(1) 电力 海滨生态公园内用电负荷主要有入口区服务设施用电，观察台、公共厕所照明用电和部分水体水景的动力设备用电。公园内总用电负荷按分类用地负荷密度估算约210kVA。用电由滨海大道的市政电网经埋地电缆引入，在北入口综合服务部旁设10/0.4kV组合箱式变电站一座，总装机负荷为250kVA。公园内部另安置5个馈电设施向公园内的用电负荷配电。

公园内景观照明可以考虑使用太阳能灯具，定时控制开、关，以减少用电负荷，推广节能产品的使用。

(2) 有线电视 海滨生态公园内的综合服务部和观察台安装有线电视线路，由城市有线电视网络接入。

(3) 通信 海滨生态公园内布置有5处公共电话亭，另外综合服务部和观察台安装有通信线路。公园内规划通信线路容量约200线，并设电话交接箱一座，由城市通信网络接入。

11. 公共设施

停车场、休息椅、垃圾桶、电话亭、公共厕所等。

四、用地平衡表

项　　目		面积（m²）	占总用地%	备　注
陆　　地		201955.5	97.73	
其中	园路及铺装场地	20200	9.77	含停车场
	管理建筑用地	550	0.27	
	游览、休憩、服务、公用建筑用地	2000	0.97	
	绿化用地	179205.5	86.72	
水　　面		4700	2.27	
公园总用地		206655.5	100	

附表一　　　　　　　　　　　　　福田红树林鸟类种类概要表

目	科(数)	属(数)	种类(数)	国家保护动物	
				I	II
1. 潜鸟目	1	1	1		
2. 鹈鹕目	1	1	2		
3. 鹳形目	2	2	3		2
4. 鹳形目	3	12	19	1	5
5. 雁形目	1	6	19		1
6. 隼形目	3	7	10	1	9
7. 鸡形目	1	2	2		
8. 鹤形目	1	5	6		
9. 鸻形目	6	19	43		1
10. 鸥形目	1	2	5		1
11. 鸽形目	1	2	3		
12. 鹦形目	1	1	1		
13. 鹃形目	1	4	7		1
14. 鸮形目	1	1	1		1
15. 夜鹰目	1	1	1		
16. 雨燕目	1	1	2		
17. 佛法僧目	2	4	5		
18. 雀形目	17	36	59		

附表二　　　　　　　　　　福田自然保护区国家保护鸟类名录、分布及数量

中　名	拉丁名	保护级	观察地点	数量级
1. 卷羽鹈鹕	*Pelecanus philippensis*	II	深圳河口	★
2. 海鸬鹚	*Phalacrocorax pelagicus*	II	车公庙山坡海面	▲
3. 白鹳	*Ciconia ciconia*	I	沙嘴、下沙海面上空	▲
4. 黄嘴白鹭	*Egretta eulaphotes*	II	沙嘴红树林	●
5. 岩鹭	*E. sacra*	II	车公庙小岛	▲
6. 白鹮	*Threskiornis aethiopicus*	II	凤塘河口	▲
7. 白琵鹭	*Platalea leucorodia*	II	车公庙观鸟台	●
8. 黑脸琵鹭	*P. minor*	II	车公庙观鸟台	★
9. 小天鹅	*Cygnus cohunbianus*	II	车公庙海面	▲
10. 鸢	*Mihvus korschun*	II	沙嘴、车公庙空中	★
11. 赤腹鹰	*Accipiter soloensis*	II	车公庙树林	▲
12. 凤头鹰	*A. trivirgtus*	II	车公庙树林	▲
13. 雀鹰	*A. nisus*	II	车公庙基围空中	●
14. 普通鵟	*Buteo buleo*	II	车公庙基围空中	★
15. 白肩雕	*Aquila heliaca*	I	沙嘴、上沙空中	●
16. 白头鹞	*Circus spilonotus*	II	车公庙基围芦丛	★
17. 鹗	*Pandion haliaetus*	II	下沙海面	★
18. 游 隼	*Falco peregrinus*	II	车公庙基围芦丛	▲
19. 红 隼	*Etinmmculus*	II	车公庙基围芦丛	▲
20. 小青脚鹬	*Tringa guttifer*	II	凤塘河树林	▲
21. 红领鹦鹉	*Psittacula krameri*	II	车公庙树林	▲
22. 领角鸮	*Otus bakkamoena*	II	车公庙树林	▲
23. 褐翅鸦鹃	*Centropus sinersis*	II	车公庙树林	★

注：★每年都见到；▲近四年或三年见到；●近四年仅一年见到。

道路交通与竖向规划浏览服务设施布置图

植物布置图

望海台

观察台

长廊

亲海平台

区位图 　　　　　　　　　　　　　　　　　　　　　功能分区图

总平面布置图

红树林海滨生态公园总体规划

拾贝滩

篝火广场

"钓"雕塑

园林小品

植物景观（一）

园路铺装

滨海大道实景

植物景观（二）

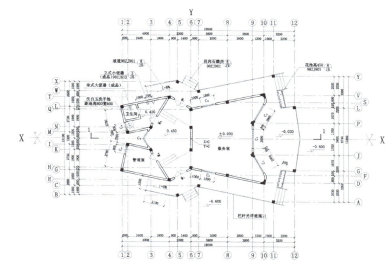

综合服务部平面图

植物景观（三）

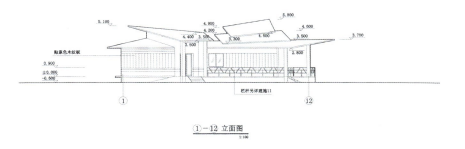

综合服务部立面图

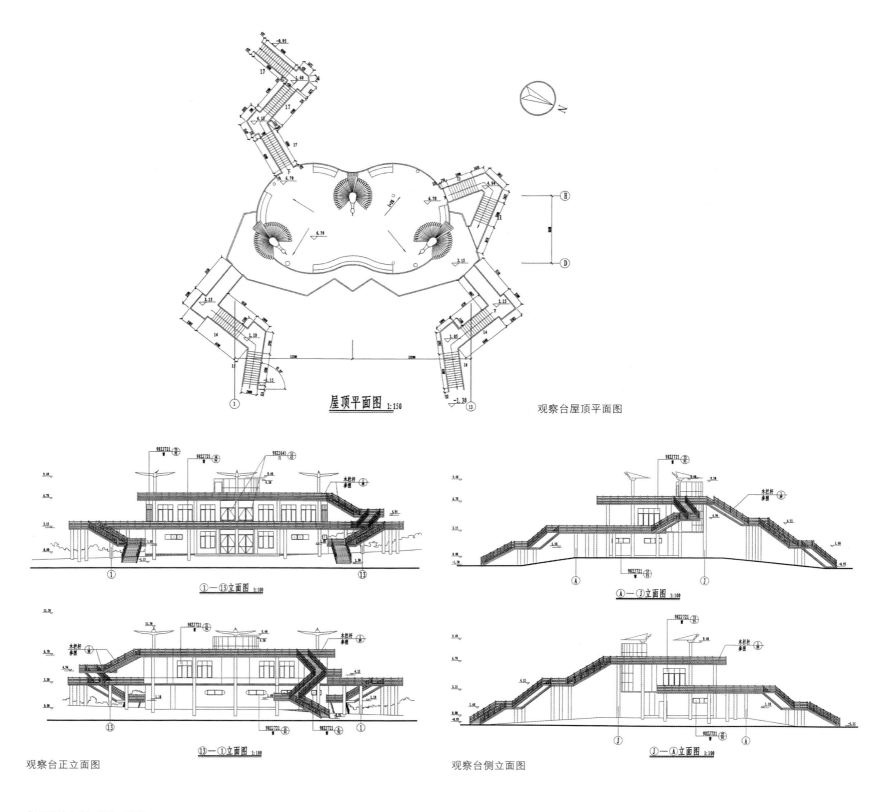

现代骨　民族魂　自然衣
——惠州西湖南门景区设计小议

一、缘起

惠州西湖南门景区自去年建成后，得到广东省内风景园林部门的高度评价，被誉为是在现代理念格局的前提下，充分发掘了当地与西湖相关的历史文化：历史名人苏东坡引泉利民的善举，并用生态手法塑造艺术性极强的景观，基本达到形神兼备的效果。官方多次催促，将学术报告内容整理成文发表，以对当前一味追求形式的浮躁设计风起到点击作用。笔者尊令，并匆匆成文示众，以为共勉，望专家学者及同行不吝赐教。

二、设计创意

惠州西湖南门景区占地 1.2 万 m^2，它北接西湖，南靠城市干道麦地路，西南面群山环抱。设计应解决与城市的过渡与衔接，风景区南门区的展示，风景区特色景点以及满足周围居民休闲游憩的需要。故将景区分成四个部分。

1. 烟云广场

与城市麦地路相接的烟云广场，采用"旱景水意"的铺装形式。飘逸而富有生命力的曲线，如烟似云的流淌在广场上，寓意为历史的烟云，西湖的烟云。这样的铺装对于南门是一个极为自然的过渡，对后面的景点，也是一个很好的引导，游人踏着历史的烟云进入景区，不免浮想联翩。烟云广场两侧设计为园林格与绿篱，既呼应了城市的景观，也使得城市和景区的过渡自然和谐；而广场两侧高大的油棕一方面遮挡了破旧的民房，同时也作为一个虚空间存在，更加突出了烟云广场。

考虑到烟云广场的氛围，以及广场所在景区中的方位，故在铺装的节点处安排了一尊标志性屏风雕塑——凤凰展翅。展翅翱翔的凤凰呼应地面烟云的铺装，如升腾在云雾中，形象生动而富有灵气，其特定的造型也展现出西湖的历史年代。

入口广场和公园之间由四根图腾立柱组成，柱顶吸收了古代华盖造型，上置朱雀神鸟（南方之神），威风凛凛。既点出了南门之意又与广场中心凤鸟雕塑遥相呼应，用极简的形式展现了一扇引导人们畅游西湖仙境的门。

2. 引泉善举

由仙境门进入景区，迎面是一座山岩，山岩部分雕成苏东坡的头像，其身体则融入到山岩中。慈眉善目的苏公和山岩融为一体，艺术感染力极强。岩缝中流出汩汩的清泉，用竹筒延引，落入小潭，汇入西湖。这里还有一个"引泉善举"的典故：据记载，苏东坡于衰暮之年被贬惠州，是"不得签署公事"、听候地方安置的罪人。然而，当他看到岭南地区"贫下何由得"的百姓在春夏之际因饮用受海潮影响的苦盐水而引发疾疫流行时，他放下自己的得失，祸福，毅然以匡世济时和感为天下先的勇气，采纳罗浮道士邓守安的主张，用竹筒引泉入城。这一善举不仅造福了岭南百姓，而且也成为岭南地区最早的"自来水"工程。如今，这一典故也已被撰写碑记，刻于山石上，让更多的人知晓。与山岩配合的是苍翠的竹林，摇曳的竹影映衬着苏公的雕像，和苏公"宁可食无肉，不可居无竹"的生存理念相统一；同时，也是象征着苏公"未出土时先有节，纵凌云处也虚心"的高风亮节之气质。

以上是从具体景点的角度看，下面从大的山水关系看。

惠州自古就有"半城山色半城湖"的赞誉，如何贴近这个山水城市，融入这个山水城市，是设计的宗旨。由于景点的西南面群山环抱，西湖孕育其中，所以，在设计时很自然的采用了"延山引水"的手法，将山岩作为群山的延续。而山岩的布置也陪衬了群山，呼应了群山，引渡了群山。正所谓"受之于远，得之最近"，达到了远山虽非我有而若为我备的境界。由于"巧于因借"，故纳千里于咫尺，突破了现有的空间，以少而胜多，小中而见大，从而使南门景区的境界也无限的拓展开去。

3. 曲溪流云

画论中强调："水贵有源"，在环境设计中也同样如此。延山引水汇入香溪，清甜的溪水既象征了苏公"引泉善举"为岭南百姓造福的成功，同时也成为景区中重要的鲜活景观之一。

曲溪蜿蜒有致，别具幽趣。溪水中沙石清晰可见，溪边花木高低错落，水中倒影斑驳。倘有落花浮水，水愈清溜，溶溶荡荡，旋濩萦纡，画意无限。根据溪水的走势，为强调其节奏和韵律感，既舒缓抒情，又兼抑扬顿挫，设计时特意安排了石桥、水车和木栈道等小品加以组合，以丰富环境，增添情趣。溪流终止处是一处平湖，湖中荷花摇曳，睡莲含羞，空气中花香四溢，一派宁静柔美的氛围。正所谓：虽由人作，宛自天成。湖边的木池壁长长短短，围合在四周，既满足了现代人亲近自然的需求，又区别于未经整理的郊野，方便了市民的活动。此景区内还点缀有"牧童"、"渔翁"、"帆影"等雕塑小品，希望籍此引起游人对"牧童遥指杏花村"、"独钓寒江雪"、"孤帆远影碧空尽"等诗意境界的无限遐想。

4. 云水飘然

景区临水建栈道木桥、水上平台，它将南门景区与西湖的大环境更加有效的结合。栈道和水上平台均采用木结构，不论从材质还是从色彩方面均和西湖环境色调协调统一；平台上的观景廊自然通透，玻璃屋顶和周边的木格架，轻盈别致，更好地将其融入到西湖的山光水色之中。亲水平台的点石上刻有"云水飘然"四字，周围置有喷雾管，当水雾喷起时，眼前的山峦、宝塔、亭阁若隐若现，令你云里雾里飘然若仙矣，你只知道是飘在了西湖的仙境中。

三、现代骨，民族魂，自然衣

西湖南门景区是"现代骨"、"民族魂"、"自然衣"设计理念的体现。现代骨是设计的理念，民族魂是设计的依据，自然衣则是现代设计不可缺少的手法。只有三者相互依存，才能推出精品。

西湖南门景区设计在考虑"现代骨""自然衣"的同时，"民族魂"的内容得到了充分的体现。这是设计深度的体现，也是设计的灵魂所在。在当今世界城市出现雷同化趋势的同时，要清醒地认识到"合而不同"将是世界城市发展的生命所在，而地方的文化、历史则是塑造城市特色的重要依据，"只有民族的才是世界的"。惠州历史悠久，自东吴在今属惠州城区的地方设立南海郡欣乐县算起，至今已有1700多年的历史。惠州的西湖更是"足并杭州"。而苏东坡留在西湖的情和对西湖的贡献更是家喻户晓，妇孺皆知。抛开人们熟悉的故事，经过对史料重新挖掘和研究，发现了苏公引泉之善举，并将其伟大之举融入到设计。这些是惠州的优势，是惠州独有的资源，是惠州的根，是它鲜明地区别于别的城市的标识。

惠州不但历史悠久，而且生态环境优美也是一大优势。据宋 余靖《开元寺纪》有："重冈复岭，隐映岩谷，长溪带蟠，湖光相照。"这是见到的有关西湖风景最早的记载，是大自然的造化和禀赋。如此久远的历史和独有的生态环境也为设计提供了绝好的素材。而西湖南门成功的关键还是运用国际最新理念将众多现代元素与历史文化相结合，以高度提炼概括的手法，在自然生态的前提下，使设计成为经典。

踏着历史的烟云，体味着苏公于岭南人民的贡献，西湖又多了一扇面向世界的门。

附碑刻：

引泉善举小记

众所周知，杭州西湖之闻名遐迩不仅系湖光山色之秀丽，更因宋代文豪苏轼风流倜傥趣事、诗词歌赋赞美为湖山增辉。然西湖"惟惠州足并杭州"之说，其业绩亦为苏公东坡矣。

苏轼被贬惠州已是六十岁暮年，且系"不得签署公文"罪人，然苏轼并未消极于"今夕之悲"，反探究"他日之喜"与民同乐。目睹岭南百姓饮用因海潮影响而苦涩之井水，至春夏之际疾疫流行。旋即采纳罗浮道士邓守安高见，五管竹绑、麻缠漆涂、竹针插塞、引泉入城，岭南百姓享用不浅。此乃堪称中国历史最早的"自来水"工程。今西湖南扉营"引泉善举"，以记真况也。苏公之才华、人格魅力亦得到昭示。若其爱妾朝云有知，当含笑九泉。

"风土食物不恶，吏民相待甚厚。"可见，自古惠州百姓与苏公感情甚是融洽，现西湖山岩镌熔苏轼睿智风范、飘逸气度，以山水寄情，表达惠州人民敬仰与感激矣。

2003 年 吴肇钊设计并学撰

延山引泉点园林设计总平面图

园林格

烟云铺装

朱雀牌坊

凤凰展翅

烟云广场

引泉善举（一）

引泉善举（二）

现代骨 民族魂 自然衣——惠州西湖南门景区设计小议

引泉善举效果图

树亭

曲溪流云

水上平台

云水飘然

饮泉善举碑记照片

现代骨　民族魂　自然衣——惠州西湖南门景区设计小议

星湖风景名胜区

——七星岩景区生态休闲区规划设计

一、规划范围与面积

本次规划用地位于星湖风景名胜区七星岩景区仙女湖游览区内。规划范围系除玆杯石及其周围水面、禾花水道及其两岸绿地与禾仙岛以外的所有地域。此地域内包括仙女湖及醉渔岛、仙湖四岛（鸟岛）、烧烤岛（即绣球岛）、无名岛、月亮岛、沙洲等湖中小岛和狮头岩（出米洞）、狮岗、大榄岗、小榄岗、水中林、野趣园等。面积约172hm^2。

二、用地条件分析

1. 有利条件
(1) 山、水、洞、岛、林、鸟融为一体，自然景色质朴、清幽、秀美，生态环境优良。
(2) 古迹遗址、美好传说提升文化内涵。
(3) 外围景色俱佳。
(4) 地理位置优越，便于形成便捷的内外交通。
2. 不利条件
(1) 城市交通穿越本区内，带来环境污染和对游览活动的干扰。
(2) 通往七星岩景区中心游览区的游线不畅。
(3) 岩榄堤、石牌堤隔离防护林带有待加强。

三、规划原则与规划指导思想

（一）规划原则

1. 保护为第一优先的原则
2. 和谐共生的原则
3. 提升生态资源价值与提高文化品味相结合的原则
4. 突出仙女湖地域个性的原则

（二）规划指导思想

(1) 遵循生物生态学特性。仙女湖地域以自然景色取胜，规划以自然生态环境和植物群落关系为理论依据。
(2) 开发、利用仙女湖地域的旅游资源，创仙境文化大观，倡导生态旅游时尚潮流，达到"身心一体，天人合一"的最高境界。
① 自然、体验为主题创意；
② 仙境奇观为纽带；
③ 大自然、大生态、大景观为主要环境特色；
④ 走进人间仙境，与仙山、仙水、仙洞、仙草、仙果、仙林、仙鸟、仙女、仙泉相伴，享受春安、夏泰、秋吉、冬祥四季健康人生的旅游活动为核心。

四、规划布局

根据《星湖风景名胜区总体规划》（修编），仙女湖游览区是以优良的自然环境为基础，突出休闲亲水性，发展以生态休闲、亲水项目与自然科普教育为主的旅游活动。

根据本次规划区实际情况，将用地划分为三大片区：湖中岛片区、狮岗、榄岗片区以及岩榄堤和石牌堤隔离带。

（一）湖中岛片区

该区包括狮头岩（出米洞）、仙湖四岛（鸟岛）、醉鱼岛、烧烤岛（原名绣球岛）、沙洲、招鸟岛、野趣园及其仙女湖面地域。规划原则上保留各岛自然景观和游路系统；局部完善和改造游览环境，增加藤本植物和荫生植物，强化古朴、野趣和亲水环境；增加必要的游览设施和旅游服务设施，提供良好的旅游条件。

该地域是仙女湖开展休闲亲水生态旅游的精

华部分,规划提升自然环境的吸引力,营造人间仙境的环境氛围,开展仙游系列活动。

该片区规划主要景点有:敞天石洞、灵芝祈寿、仙鸟呈祥、金沙怡情、仙界观佛、仙果摇曳、水中林趣。

1. 狮头岩

(1) 出米洞、石峒古庙 "敞天石洞"是星湖二十景之一。规划拟加强维护石峒古庙内外环境,结合出米洞的传说,延伸其文化内涵,推出周氏神造福桑梓和寓意风调雨顺和五谷丰登的"顺风车"、"幸运磨"、"延年米神"以及"盖寿仙米"等旅游产品,以此寄托当地百姓的心愿与共鸣。同时也推出"贪心和尚"系列作为反面教材。

(2) 龙泉玉液 玉液,古代传说谓饮之能使人成仙。《楚辞·九思·疾世》:"吮玉液兮止渴,啮芝华兮疗饥"。

(3) 许愿树 洞前的小叶榕,枝繁叶茂,亭亭如盖,民间将它视为"树神"而虔诚祭祀。规划保留这种原始的"自然崇拜"文化现象,并倡导"植树造林,造福子孙"的环保意识。

(4) 鹊桥 重建通往醉鱼岛的小桥。

景名 敞天石洞

2. 灵芝岛 原名醉鱼岛

班固《西都赋》"灵草冬荣,神木丛生"。灵草,也称灵芝,古人认为芝是仙草,服之可以长生。

规划该岛延伸出米洞"延年益寿"文化,营造灵草神木的自然环境。

(1) 长寿池 结合现有水池,池中养龟等,游人可观察龟的活动,亦可下池嬉戏。

(2) 灵龟石 系用端州石制成的雕塑,供人触摸、亲近,更可祈愿。寓意"寿比南山,福如东海"。

(3) 仙草园 四季开花的药用植物园和灵芝菌圃,园中设植物资料卡片和电子触摸屏,游客能及时了解相关信息。

(4) 共月亭、滨水栈道 保留整修现观景亭,并设滨水栈道与其形成一体,亭名:共月。

(5) 游船码头 此处码头有"野渡无人舟自横"之意境。

景名 灵芝祈寿

3. 金沙滩

金沙滩为出米洞至观佛岛和灵芝岛至观佛岛的中转地。规划基本保留沙洲现状格局和洲上汀步,成为游人"赤脚走进沙滩,沐浴阳光、湖水"的去处,在滩上放风筝、玩沙逐浪,游客能尽情释放自我。加强安全宣传与管理,划定安全警戒线并设安全警示标志。

(1) 沙滩嬉水 规划沙洲东北部浅水处是大卵石数块堆砌而成的卵石浅滩,赤脚由沙洲至此处,将有全然不同的感觉与刺激。

(2) 怡情滩 于金沙滩南端结合小桥处理成群龟戏水的怡情长寿滩。

(3) 长寿桥 由金沙滩通往灵芝岛的小桥。

景名 金沙怡情

4. 观佛岛 原名烧烤岛,亦称绣球岛

傍晚时分观赏"卧佛含丹"是该岛的主要活动内容。规划在岛上广种名树、香花,尤其是与佛教相关的观果、观叶、观花馨香植物及夜晚开花的香花植物,营造神秘、缥缈、朦胧的月夜景色和浪漫情调,吸引游客在观佛之余能在"神仙世界看神仙"。

(1) 观佛台 原址拆建。观佛台两级,一级观景亲水平台伸入仙女湖中。第二级为两层,一层作洗手间,外用山石、植物掩饰,二层为观景台。建筑面积约120m²。

(2) 仙人指路 由仙人像形石与仙人掌科植物组成,游览小路以暗八仙器铺装或按上仙人"脚印"和"手掌",称之为"仙人路"。另专辟一条"凡人小道",供游人按自己的手迹或脚印,增加游览情趣。

(3) 月光花园 供游客闻香识花、月夜赏花、抒怀吟花的园地。林下布置有仙人印记的奇石数块。

(4) 仙乐桥 观佛岛通往金沙滩的小桥,规划保留并加以维修。

主景 仙界观佛

5. 仙果园　原名野趣园

该园植物以奇果取胜，并以富有古端州乡土特色的戏社、茶馆吸引各方票友、食客，其声其韵其神无一不显示肇庆这个古老城市的文化底蕴。规划该园为仙女湖游览区旅游服务接待站之一。

(1) 仙华苑　改造现高尔夫训练场馆为端州戏社、茶艺馆和表演场以展示古端州本土民俗文化与民间艺术，并为游人提供茶饮服务。

(2) 仙果园　以结奇果的大乔木为主的岭南观赏果园，如吊瓜（羽叶垂花树）、腊肠树、人心果、树菠萝等。游客至此可大饱眼福，增长见识。园中有"丝竹仙憩"雕塑一组。林下布置休息设施和植物资料信息石与电子触摸屏。

(3) 榕树坪　在已有榕树下设铺装地，并根据民间关于周氏神的古老传说，在铺装地上置象形五谷、六畜的端州巨石数块，成为神话、奇石、大树融为一体的景点，此处曰：祈年广场。

(4) 游船码头　该处码头仅为独木舟、小木船或竹排提供泊位。

(5) 停车场　原停车场不变。

(6) 保留通往观佛岛的曲桥。

(7) 餐饮服务　规划在该园外利用现有餐饮设施改造成乡土特色餐馆。

该园景名　仙果摇曳

6. 藏珠岛、瑶玉岛、云起岛、小瀛洲和招鸟岛，藏珠岛、瑶玉岛、云起岛、小瀛洲四个小岛原名仙湖四岛

基本维护藏珠岛、瑶玉岛、云起岛、小瀛洲和招鸟岛现状自然风貌，还小鸟一处安全、安宁的栖居地。规划划定以四岛为中心，半径100～150m的鸟类绝对保护区。在该范围内，严格禁止任何船只、任何游人进入，确需进入者须持风景名胜区管理处相关部门的有效证明。

规划于藏珠岛、瑶玉岛、云起岛、小瀛洲和招鸟岛上分别增植多类浆果植物和水生植物，营造多种鸟类生活的生态环境。

该处景名　仙鸟呈祥

7. 水中林　维护现状落羽杉林的自然风貌，建议加强对虫害的防治

(1) 规划于"水中林"南面的草地上，布置雕塑一组。

(2) 云水桥　连接"水中林"与石牌堤的小桥。

景名　水中林趣

(二) 狮岗

狮岗雄踞七星岩景区北面，成为景区的天然绿色屏障，亦为仙女湖的守护神。规划以现状为基础，改造林相，使其为具有观赏价值的风景林地；修筑环山道兼防火通道以及游览小路，完善游览路网。该岗山洞中的古生物遗址具有较高的科学价值、历史价值和文化价值，以古生物遗址游为主线兼登高揽胜为狮岗的主要活动内容。

1. 遗址溯源

利用高科技手段，复原再现古生物生活年代的场景以及冰川时期（第四纪）保留的如桫椤等形成古生物环境氛围。

2. 藤花果园

以花、果具观赏性的岭南木质藤本植物构成的棚架园选址在原菜地、果园。

3. 战壕猎奇

整治战壕遗址，并在其西面平缓地设休息设施一组，曰：挹秀亭。

4. 炮台问古

整治炮台旧址，提供相关史料，让游客以史为鉴。

5. 玉宇云台

肖纶《祀鲁山神文》："金坛玉宇，是众妙之游遨。"玉宇，传说中神仙的住所。

范成大《残夜至峰顶山》诗："星落玉宇白，日生绮霞丹。"玉宇，系指明净的天空。

规划于狮岗的顶峰建四面八方阁，该阁得景成景，俯湖望山，宜憩、宜赏、宜吟、宜ึ้น，与七星岩景区西面的蕉园岗遥相呼应，与北面的荷花公园（东调洪湖）互为因借。阁高五层，兼防火瞭

望功能。此处景点故名：玉宇云台。

(三)榄岗片区

该片系指大榄岗、小榄岗、映月矶、月亮岛及其水域。观鸟、亲鸟、普及科学知识、走进自然、探索自然是该片的主要功能。全区由东入口、办公管理楼、游客服务中心、知识博览园、观鸟台等几个部分组成。

主要景点：榄岗集萃、小榄观鸟、禾花仙女

1.东入口

临星湖大道。入口广场开敞、简洁，是由城市进入风景区的过渡地带。位于广场中的雕塑向游人叙说一个关于仙女湖的美丽传说。广场北面为岩榄北堤，规划以常绿树与花灌木组成的宽约10~12m的隔离林带；西边设停车场和树阵。入口标志门位于广场西端。

2.大榄岗

(1) 办公管理楼　靠近东入口处，在原建筑基址上建造。仙女湖游览区管理办公楼兼快餐、茶饮、小卖部等。建筑面积约1500m²。临湖建筑伸入湖中作为亲水观景平台。

(2) 游客服务中心　建筑面积约1600m²，该中心提供信息传播、咨询服务、游览教育、医疗急救、保健养生等服务。

(3) 知识博览园：

a.地质博物馆　地质博物馆建筑面积约2500m²。室内以高科技手段再现肇庆地质地貌的变化和形成。

b. 生物园地　除建筑基址外的其他地段均以植被覆盖，以现有树木为基础，营造季雨林植物群落，为生物的多样性提供良好的繁衍生存环境。园地内建休息亭廊一组，曰：天一亭。

(3) 游船码头　改造大榄岗南岸原有的水中平台成游船码头。该游船码头往南沟通了由仙女湖至中心区的水上游线，往北沟通了榄岗与湖中岛的联系。

3.小榄岗

(1) 以"鸟类是人类的朋友"为主题，开展护鸟、招鸟、观鸟、亲鸟等系列活动。

a. 小榄观鸟　营造多样化的观鸟场地，包括滨水观鸟、林中观鸟、树上观鸟等等。

b. 芡草湿地　连通小榄岗北面与西面的水体，形成水体流通的沼泽湿地。面积4000m²左右。种植以芡草、菱角为主的广叶水生植物，吸引多种鸟类及其他昆虫。

c. 鸟屋　招鸟、引鸟设施。

(2) 禾花仙女　该景点由仙女雕像、茅屋、稻田以及有关禾花仙女的传说故事组成。

4.月亮岛

规划改良土壤，种植能吸引萤火虫的水生植物和耐水湿的乔灌木，入夜形成闪闪发光的、独特景观的小岛。于该岛的南、北两端分别建遇仙桥、揽月桥与观佛岛和大榄岗连接，桥下可通独木舟、竹排等。

5.映月矶

该岛面积仅2400m²，规划于岛北部建烟波桥与小榄岗连接，沟通由仙女湖游览区至中心游览区陆上步行游览线。

(四)岩榄堤、石牌堤防护隔离带

规划于岩榄堤和石牌堤的两侧分别种植宽度大于10m和30m的绿化隔离带。

五、园林建筑与小品设计

(1)位于本规划区的建筑须利用地形高差和平面变化进行建筑组合，充分体现与自然的亲和，与所处环境的和谐协调，突出生态性和亲水性。造型质朴、野趣。

(2)小桥、游船码头　本规划区内新建小桥计5处，改造小桥1处，改造和新建游船码头4处。这些桥和游船码头造型别致、各富情趣。

道路交通图

总平面图

湖心岛总平面布置图

大小榄岗总平面图

狮岗总平面布置图

星湖风景名胜区——七星岩景区生态休闲区规划设计

七星岩景区东入口方案

品茶石府（端州戏社 茶艺馆）

观佛台

玉宇琼楼

暗八仙

八仙洞府

灵芝仙境

星湖风景名胜区——七星岩景区生态休闲区规划设计

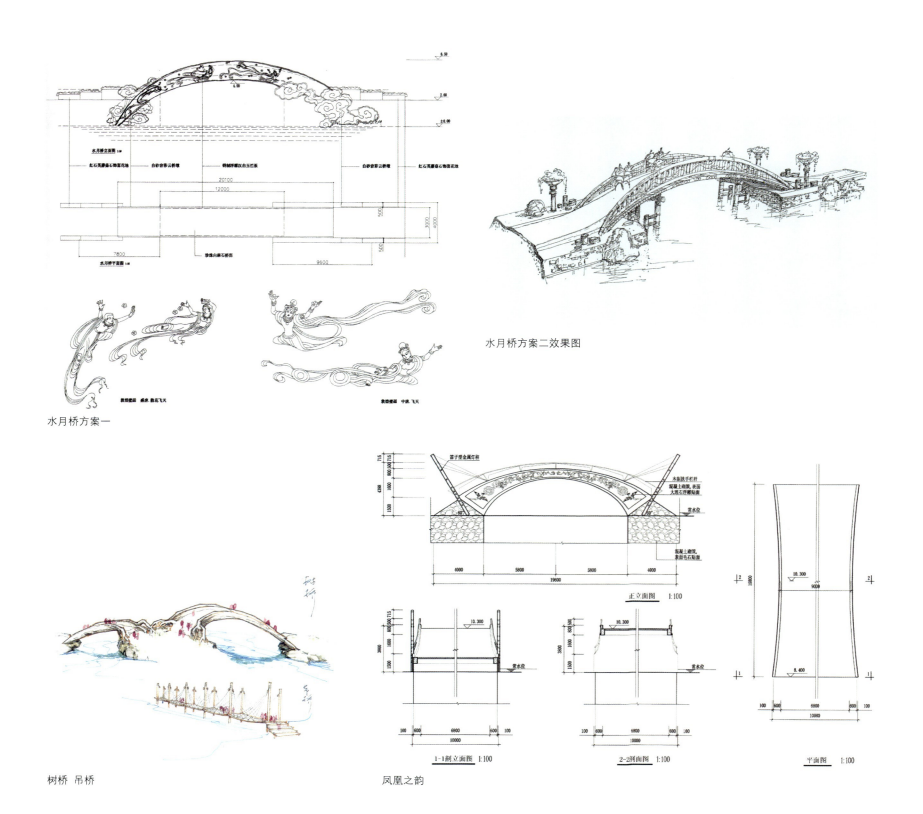

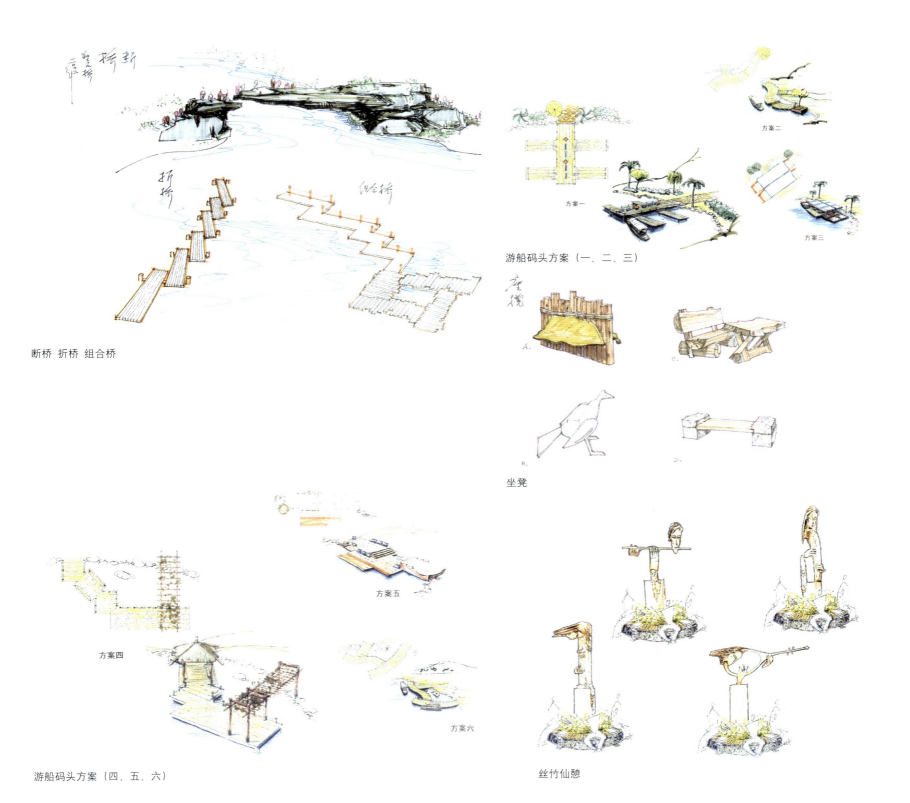

断桥 折桥 组合桥

游船码头方案（一、二、三）

坐凳

游船码头方案（四、五、六）

丝竹仙憩

星湖风景名胜区——七星岩景区生态休闲区规划设计

游船码头

鹊桥（一）

植物

鹊桥（二）

鸟岛（一）

长寿桥

怡情滩

鸟岛（二）

园路

星湖风景名胜区——七星岩景区生态休闲区规划设计

灵芝亭（一）

灵芝亭（二）

暗八仙铺装

岛上林荫地

仙桥

丝路花雨洒雷州
——湛江南国热带花园创作特色

一、区位、场地环境与现状条件

湛江市位于中国大陆最南端的雷州半岛，为低纬度的南亚热带地区，面积占全国热带地区的10%。属热带海洋性气候，年平均温度23.1℃。是我国大陆惟一的滨海热带城市。

湛江南国热带花园位于湛江市两条城市主干道人民大道和海滨大道之间，东临麻斜海湾，西靠公安警备中心，南至龙潮路，北至建设中的体育南路。面积1300亩。作为湛江市最大的一座公园，是市民休憩和游览的一处优美的公共绿化空间。

场地北边有两处较低的丘陵地形，现状山体有一定破坏，南边中间位置为大片低洼的农田，有部分位置为水塘。现有植被覆盖率较低，植物景观较为单调。两条高压通道从园内经过，对公园的建设有一定影响。场地靠近人民大道一侧与道路之间有较大的高差。主要的城市空间位于人民大道西侧。

二、规划设计立意

全园以"丝路化雨洒雷州"为创作主线，将公园打造成为属于21世纪的充满独特魅力的，我国大陆上惟一的热带花园。表现湛江作为粤西海上丝绸之路起点热带海滨城市独有的自然、历史与文化特色，成为城市旅游重要的组成部分。亦是向世界各地游人展示湛江城市魅力的一个窗口。

目标定位：省内领先、国内一流
　　　　　热带风格、湛江特色

荟萃中外园林理念，建成新世纪城市公园精品。

三、公园性质定位

集生态保护、科普教育、休闲娱乐与观赏文化为一体的，富有热带园林植物景观特色的专类公园，定位为市级中心花园。

四、总体布局和功能分区

（一）地形的利用与改造

规划利用原有地形基础，以保护生态为主线，构筑尽可能完美的山水骨架。

(1)北片区恢复被破坏的山坡。最大限度复原山地的自然地形地貌。

(2)南片区杂乱的取土坑等均按微地形整理为盆地，东南角部分土岗保留并连接盆地。

(3)中片区为低洼地汇水造湖。

(4)开辟水源，依据地形在东北、西、北部造瀑布、叠泉、溪流为水源水景系统，水系的水源一部分为自然降水，不足部分由人工蓄水池和市政管网供给。

(5)园内有数处巨石予以保留，经加固处理后成为山石景。并在西部临人民大道（现为加油站）岗坡上，人工塑造巨石，取名"飞来花雨石"。

经过以上适当艺术处理后的山水骨架，组成了自然山水园的典型特征：(附山水结构分析图)

山体：岗、峦、麓、坡、场、坪、台、矶、滩、岫、坳、岛、石。

水系：瀑布、泉、溪、涧、潭、泽、池、湖、河、沼、湿地。

(二)功能分区

全园共分五个区：公园入口广场区、生态保护与森林培育区、热带景观科普观赏区、休闲活动区、娱乐游戏区。

1.公园入口广场区（城市特色广场区）

包括公园西侧两个入口及其之间的林荫道，两个入口及林荫道连成一个整体，既是城市空间与公园自然空间之间的过渡，也成为市民日常就近休息活动的场所。

2.娱乐游戏区

位于公园西北侧，东接公园北入口，西临公园主入口区。以大片的林荫广场及疏林草坪构成系列活动空间，主要为青少年及儿童提供一个娱乐活动及休息的环境。

3.休闲活动区

位于公园水体的西部，特色广场区的东部，包括棕榈大道、临水的水景舞台及划船渡口、垂钓木平台等，为市民提供一个以休闲放松、陶冶身心的活动空间。

4.生态保护与森林培育区

将园内北侧的两个低丘及其南侧的滨水带开辟为生态保护与森林培育区。按照热带雨林植被生态群落结构的内容，对低丘上的植被进行植被改造和森林培育，使其植被接近和达到热带雨林群落的景观和生态效果。

5.热带植物景观与科普观赏区

位于公园南侧及东侧，并包括北侧中部的竹林区和贯穿南北的一条林荫道。为全园最大的一个功能区，以不同类型热带植物造景，营造各色富有南国热带风情的，赏、游、憩相结合的植物空间。生态效益良好，并具有科普教育功能。

五、景点设置

1.丝路凝香

位于公园的主入口。主入口广场现有地形与人民大道高差近5m，将其设计成一个大型的广场，下层为地下停车场。入口两侧阵列布置桃花心木林，为市民提供一个就近晨练遛鸟等交往活动的空间。入口位置两侧布置绿篱阵，两侧各有一个白色极简构架，上可攀爬种植藤本植物。正前方有一排白色的体量较小的构架，将广场分为内外两个部分。过白色构架为主广场空间。正前方为一白色鸟形拉膜构架，成为广场的主景。广场两侧设水景，将海上丝绸之路引进的植物用自然的方式组景。设观众台及雕塑组。以旅人蕉、盆架子、石栗等作背景林。广场中设云形的铺装，铺装将两侧的水花坛联系起来，中间位置设旱喷，暗示中西文化在此得到了融合。通过植物、铺装、水景等的运用，象征由于海上丝绸之路的影响，湛江起到了凝结中西文化精华的历史作用。

2.醉颜陂陀

位于正对丝路广场的山坡上，靠近入口位置为景石、色彩鲜艳的地被花卉、凤凰木等组合成景，山坡位置林下大量种植杜鹃。使之成为主入口的对景，对上山的游人有引导作用。

3.沁芳棕榈道

从主入口到临水的水景舞台及渡船码头，要经过一段宽阔的棕榈水景步道。花卉与海枣、喷水池、浓荫乔木、休息坐凳结合，为花卉与棕榈组合形成的热带景观。

4.五柳烟笼三叠泉

于主次入口之间林荫道的东侧设叠泉，以串钱柳作为主要的景观配置植物，与叠泉结合，植物、石、跌落的水景共同组景，如宋词中的"杨柳堆烟"，富于画意。植串钱柳五株，象征五柳先生陶渊明，暗示本景点如田园诗的意境与主题。

5.飞来花雨石

位于西侧次入口，以飞来花雨石作为主景。草坪上植椰树、丝兰等植物，缀以三五黄蜡石与少量草花。飞来花雨石为一处巨型塑石，实为二层建筑，顶层可作为远眺湖面的平台。由此向东放眼望去，山林、湖面、果园、花田尽收眼底。成为入口区的一处特色景观，并与其东侧的岩石花园相呼应。花雨石摩岩石刻"雨自几时洒起，石从何处飞来"。

6. 石径履香

紧邻飞来花雨石的东侧山坡处为岩石花园，地形由次入口向湖面逐渐降低。沿山坡跌落布置自然石景，石缝中镶嵌种植各种耐干旱的花卉地被与灌木。

7. 四时花怒

岩石花园两侧的疏林布置成为各种开花乔灌木混植的混交林，形成四季有花，长开不断的植物景观。其后种植大片的密林作为背景。

8. 云影飘花

为岩石园的东侧大片缓坡低洼地，道路被设计成为云形，如草书，又如戏曲中的水袖，行云流水般飘逸流畅，让人想起广东的传统音乐《彩云追月》。片植大量色彩鲜艳的自由流畅形的地被花卉。道路与植物相映成趣，尽显南国的热烈奔放，成为观赏植物区景观的视觉重点。

9. 赤地化雨

为沁芳棕榈道东侧的水景广场，设较大型的喷泉、表演舞台及特色雕塑。部分铺装设计成砖红色，象征湛江人民将曾经"赤地千里"的雷州半岛改造成为今天富产农作物的生态绿洲的历史功绩。

10. 莲动舟现

水景广场临水部分为木质的游船码头，码头的栈道围合成一块块浅水滩，种植水生花卉，如荷花、睡莲等。微风吹过，荷香迎面拂来，水中轻舟荡漾，为市民提供了一处绝佳的休闲去处。

11. 白沙鳌渚

位于全园中部，为一湖中小沙洲。白沙中植各种沙生植物，如仙人掌、景天等科的植物，海滩上自然野生的植物等。部分汀步设计成螃蟹的造型，一群大小各异的螃蟹从沙上、浅水中爬过。野趣、谐趣在自然中被巧妙地融为一体。

12. 长台闲钓

于云影飘花景点东侧临水处设长达百余米的木平台，为市民提供一个以垂钓休息为主要功能的休闲活动空间。

13. 水栈芳波

木平台的东侧设木栈桥组，栈桥与水岸围合出一处浅水区域，种植各种水生植物，栈桥两侧水中种植落羽杉、池杉、水松等树种。

14. 平湖掬月

全园水系的最开阔部分位于园中部偏南位置。湖面平静如镜，码头、木栈桥及沙洲环绕其布置，为市民提供多处亲水场所，也是市民入夜赏月的佳处。

15. 葵蕉雨乐

栈桥的南侧临水种植蒲葵林，点缀少量芭蕉。沿园路设置音乐盒。游人从蒲葵覆盖的林荫中走过，能感受自然界的天籁与音乐的合鸣。

16. 棕影抱绿

位于全园中部的最南侧，设计成一处缓坡坡地，坡上为大片的棕榈科植物围合形成的疏林草坪，越到坡顶植被越为密集。于坡顶位置设置一象牙亭，并留出面向湖面的视线通道。

17. 果林茶寮

全园东南角设计为一片果林。分生产区和一个小型的果树植物标本园。将湛江特产的果树及作物用园林造景的手法进行布置，形成一个小型的果树科普教育基地。于果林中设置茶室，让市民和游人在这里品茶偿果，感受农家果园生活的质朴和自然。

18. 晴虹划空

从果园到全园西部的低山之间布置一条空中走廊。运用轻钢、玻璃等材料组成的空中步道为市民提供了一种全新的游赏体验。

19. 蒲榭水馨

果园的北侧设置一水榭，临水布置菖蒲、葱兰、蜘蛛兰、麦冬等植物。

20.清溪黛影

位于全园东侧中部，为观赏性的荫棚，棚中设一小溪。结合小溪的水景，大量种植荫生植物，布置成一处小型荫生植物园。

21.芦荻鹤乡

于园中东北角有一巨石，周围环境地势低凹。遍植芦苇等野生的水生植物，设木栈道穿行其间，放养少量水鸟如白鹭。从其南侧的树桥上望去，于芦荻深处有白鹤翩翩起舞，营造一处如诗如画的自然景观。

22.修篁琴韵

根据地形的变化，于芦荻鹤乡景区西侧的山谷中设两个相邻的瀑布，以大片的竹林作为背景。从水榭向北望去，竹林双瀑挂落眼前，大有古曲中"高山流水"的意境。

23.雨林翠迷

园内北部的两处低山现有较好的植被覆盖。对其进行林相改造，种植大量榕属、蕨类等植物，模拟热带雨林景观设计成复层生态群落结构。

24.木道闻香

近公园的北门设游客服务中心，其前方现状地形为一处低洼地，于山上设小溪顺流而下成潭。环绕建筑及水体布置大量的香花植物，如桂花、白兰、九里香等。将此处布置成一处夜香园，满足市民的夜间活动需求。

25.儿戏渔涯

两山之间有一条低凹的谷地，将其设计成为一处自然的溪流，周围种植大量竹林，近溪水的位置种植自然的野花野草，溪边有小路通行，形成竹林溪径的自然景观。溪中放养有许多的小虾小蟹，成为儿童捉虾捉蟹、戏水玩乐的场所。靠近林荫道位置可以种植各种竹类植物，布置成一个小型的竹类专类园。

26.真行戏雾

北侧娱乐区为大片的疏林活动区，林中有一片空地，于铺装中设置几处缓坡地形，平面为中国毛笔书法中的基本笔画，其剖面中间高、四周低。既满足儿童在草坡上攀爬的需要，又成为一个展示大地艺术的场所。中心位置有一喷雾设施，自然的大石块环绕布置成三个完整的圆形。近处山顶空中走廊的终点成为最佳视点。

27.同乐无极

娱乐区靠近主入口位置为同乐无极景点。主要由一小型的音乐剧场、阳光草坪和娱乐广场组成。该景点可布置聚会、街舞、滑板等活动。

28.花雨明珠

北入口广场设一大型雕塑，环形的构架上镶嵌一银球，设喷泉，水顺着台阶跌落而下，两侧满布鲜花与热带植物。象征南国热带花园是湛江城市的一颗耀眼的明珠。

29.丝路林荫

南北入口之间由一条林荫道相连。以木菠萝作为行道树的骨干树种，用各种海上丝绸之路引进的植物如凤凰木、石栗等植物组合成大小不同的林荫空间，为市民提供丰富的休憩场所。地面铺装设计成波浪形，象征海上丝绸之路。

30.木棉飞红

南入口种植木棉和鲜艳的色叶植物。木棉、地被、小路以阵列的方式重复，形成韵律，富现代感。

六、道路与交通系统规划设计

(一)出入口

主入口设在公园西侧人民大道北侧，为一大型的城市广场。

次入口三个，其中一个设在人民大道南侧，与北侧主入口广场有花带及林荫道相联系。一个设在公园北侧，由体育南路进入；另一个由公园南侧文东路进入，两个入口之间有一条20m林荫道相连接。

(二)道路

道路呈"两环一带"的布局形式，同时主、次游路结合成若干小型环道，极大方便游人游览与疏散。

道路分为四级：

南北林荫大道宽20m，横穿整个公园，主要供人行，可供少量车行。

主游览道，宽4m，主供人行，可供少量车行。

次游览道，宽2.5m，联系主要景点

小路，宽1.2m，辅助支路，构成道路网。

（三）高架景观架——空中景观廊

从西北部观景台到东南部建造一座轻型结构五折高架观景桥，桥面木质，栏板绿色玻璃，桥宽3m，平均高度4m，提供游人在一定高度上的观景。

（四）交通设施

1. 交通工具

电瓶车、自行车、木船等。

2. 停车场地

机动车停车场，主要设在主入口丝路广场地下车库，在北门、南门设地上林荫停车场。非机动车、自行车、电瓶车在各出入口都有设置。

（五）铺装场地

根据人流聚散需求，集中布置在各出入口，主要景点、道路节点和构筑物等人流相对集中的地方，所有铺装地均为环保生态型。亦可选择当地文化历史中的图案恰当点缀其间。

七、园林建筑、小品系统规划设计

公园建设定位为国内一流水准，作为公园中画龙点睛的园林建筑及小品亦应"独具风韵"，故选择国际流行且国内喜闻乐见的仿生态建筑为主的形式。诸如：鸟门（主入口）、彩虹门（北入口）、飞来花雨石（观景台）、花朵（玻璃温室）、鸟巢（山亭）、木棚架（水边景观廊）、洞府（游客中心）、空中玻璃桥（空中景观栈道）以及螃蟹汀步、树桥、木栈道等小品，均以《园冶》作者计成"屋宇篇"中"探奇合志，常套俱裁"为导向，并参考国内外成功实例为借鉴，谱写南国热带花园园林建筑的新篇章。

八、植物景观系统规划设计

根据植物栽培、分类及功能特点，将全园的植被分成十五个区：

1. 引种植物造景示范区

包括"丝路凝芳"、"沁芳棕榈道"二景。

主要植物有：木菠萝、叉叶木、凤凰木、南洋楹、桃花心木、盆架子、石栗、木棉、高山榕、小叶榕、阳桃、旅人蕉、油棕、多头苏铁、槟榔等。

2. 观赏植物区

包括"五柳烟笼三叠泉"、"四时花怒"、"飞来花雨石"、"石径履香"、"云影飘花"五景。

(1) 五柳烟笼三叠泉：

主要植物品种：串钱柳、鸡蛋花、水蒲桃、红绒球、黄槿、海芋、龟背竹、肾蕨、花叶良姜、伞莎草。

(2) 飞来花雨石：

主要树种：海南椰子、丝兰、花叶良姜。

(3) 石径履香：

主要树种：小叶杜鹃、米兰、九里香、万年麻、苔藓、苔草、石葫芦。

(4) 四时花怒：

主要树种：木棉、刺桐、杜鹃、紫荆、紫薇、玉兰、夹竹桃、凤凰木、蓝花楹、黄槐、金凤花、勒杜鹃、美丽异木棉、红花羊蹄甲、炮仗花等

(5) 云影飘花：

主要树种：大王椰子、金山葵、假槟榔、小叶榕、桃花心木、变叶木、勒杜鹃、大叶红草、紫苋草、黄金榕、黄金叶、龙船花、福建茶、米兰、小蚌花、软枝黄蝉、肖黄栌、希美丽、红花酢浆草、

花生藤、蟛蜞菊。

3. 棕榈植物区：

包括葵蕉雨乐和棕影抱绿两个景点。

(1) 葵蕉雨乐：

主要植物：蒲葵、老人葵、美丽针葵、芭蕉、旅人蕉等。

(2) 棕影抱绿：

主要植物：大王椰子、海南椰子、圣诞椰子、霸王棕、棕竹类、砂糖棕、棍棒椰子、金山葵、国王椰子、三角椰子、散尾葵、三药槟榔、苏铁、加拿利海枣、银海枣等。

4. 水生花卉区

包括"赤地化雨"、"莲动舟现"、"长台闲钓"、"水栈芳波"四景。

主要植物：荷花、水葱、石菖蒲、千屈菜、王莲、睡莲、荇菜。

5. 沙生植物区

包括"白沙鳌渚"、"平湖掬月"二景。

主要植物：垂花丝兰、金琥、量天尺、芦荟、粉叶石莲花、龙舌兰、麒麟角、三角麒麟、天轮柱、仙人掌等。

6. 竹类观赏区

包括"儿戏渔涯"一景。

主要植物：青皮竹、黄金间碧玉竹、粉单竹、佛肚竹、凤尾竹、箬竹、菲白竹、夹竹桃、狗牙花、勒杜鹃、石蒜、葱兰、鸢尾等。

7. 海上丝路植物景观道

包括"花雨明珠"、"丝路林荫"、"木棉飞红"三景。

主要植物：木菠萝、木棉、刺桐、叉叶木、凤凰木、桃花心木、盆架子、石栗等。

8. 珍稀植物区

主要树种：叉叶木、龙血树、鹿角蕨、桫椤、银杉、水杉、红花木莲、土沉香、红豆树、蝴蝶果、兰花蕉、延龄草、槿棕、琼棕、龙棕、独兰花等。

9. 夜香植物区

包括"木道闻香"一景。

主要树种：木莲、白兰、黄兰、乐昌含笑、四季桂花、鹰爪花、木本夜来香、茉莉、米兰、海桐、九里香、兰花等。

10. 热带雨林区

包括正对主入口的"醉颜陂陀"一景和主峰上"雨林翠迷"一景。"醉颜陂陀"成为主入口景观与典型雨林景观的过渡区域。

(1) 醉颜陂陀

主要植物：杜鹃、凤凰木、小叶榕、高山榕、鱼尾葵等。

群落结构：凤凰木＋南洋楹＋鱼尾葵——杜鹃＋勒杜鹃

(2) 雨林迷翠

主要植物：

第一层：小叶榕、高山榕、橄榄、酸角、鱼尾葵、椰子、南洋楹。

第二层：竹柏、厚皮香、水石榕、罗伞树、假苹婆。

第三层：桫椤、棕竹、芭蕉、艳山姜、红背桂、露兜。

第四层：一叶半、格叶、广东万年青、海芋、紫背竹芋、蕨类。

层间藤本：过江龙、禾雀花、扁担藤、绿萝、龟背竹、麒麟尾、山银花、蜈蚣藤、常春藤、合果芋。

群落结构：小叶榕＋橄榄＋鱼尾葵＋海南红豆—竹柏＋假萍婆＋水石榕—桫椤＋棕竹＋芭蕉—海芋＋蕨类

11. 湿生植物区

包括"芦荻鹤乡"一景。

主要植物：芦苇、凤眼莲、千屈菜、鸢尾。

12. 荫生植物区

包括"蒲榭水馨"、"清溪黛影"、"修篁琴韵"三个景点。

(1) 蒲榭水馨：

主要植物：菖蒲、睡莲、蜘蛛兰、葱兰、一叶兰、龟背竹、绿萝、蕨类。

(2) 清溪黛影：

主要植物：小叶榕、高山榕、鱼尾葵、水石榕、黄槐、竹柏、油茶、含笑、八角金盘、桃叶珊瑚、朱蕉、棕竹、紫金牛、龟背竹、麒麟尾、绿萝、洋常春藤、蜈蚣藤、大叶仙茅、一叶兰、蜘蛛兰、虎尾兰、紫背竹芋、蕨类。

(3) 修篁琴韵：

主要植物：青皮竹、粉单竹、凤尾竹、夹竹桃、桫椤、一叶兰、蜘蛛兰、万年青、石蒜、龟背竹、海芋、蕨类。

13. 果园

包括"果林茶寮"一景。

主要植物：木菠萝、芒果、杨桃、斯里兰卡橄榄、八角、锡兰肉桂、人心果、神秘果、西印度樱桃、蛋黄果、鸡蛋果、番石榴、油梨、酸豆、南洋酸枣、芒街酸枣、菠萝、香蕉、木瓜等。

14. 植物生产养护区

主要为常用的草花地被和苗木。如百日红、鸡冠花、黄叶假连翘、垂榕等。

15. 遮荫乔木活动区

包括"真行戏雾"和"同乐无极"两个景点。

主要植物：榕树类、白兰、黄兰、人面子、凤凰木、樟树、人心果、吊瓜木、菠萝蜜、石栗、扑树、仪花、伊朗紫硬胶等。

九、景观照明规划

1. 布置原则

以人为本，光线以柔和为主，照明使空间和景观人格化。

2. 灯光效果

夜景瑰丽动人，温馨舒适。以大自然、碧水和灯光编织成的湛江市南国热带花园，将是一处把享受生活的秘诀传授给市民和来访者的乐园。

3. 灯具型式

新材料、能耗少、高科技产品。如太阳能灯具、光纤等。灯具造型体现民族特色、地方特色和时代时步，灯具型式将成为花园内的另一道景观。

4. 布置形式

(1) 在各入口处灯光照明采用礼花灯、光纤等高科技、新型式灯具，使场景活跃。用于衬托城市的繁荣和美好生活。

(2) 在观景台构造物高点处安装七彩的强力花灯（空中玫瑰）用于拓展空间和活跃场景。

(3) 在空中走廊构造物上安装可变化颜色和可自动控制开关的灯具，将空中走廊建造成可色彩变化、可"流动"的"天桥"。

(4) 公园内主干道路采用太阳能路灯作为主照明，以节省电能，并同普通照明电路有机地结合起来，以便在节约绝大部分电能的情况下保证任何恶劣天气下正常使用。

(5) 景点照明采用聚光灯、泛光灯等来突出重点，用"光"和"影"将所表现的艺术化，使"光"和"影"结合产生艺术感染力。

(6) 大面积的绿地采用点光源，用点光源设计成各种拼图案，或设计成可变化的各种拼图。

(7) 其他区域布置光线柔和的灯具，以满足照明要求为主。光线的基调采用冷色调子，并点缀少量点光源，在夜里产生格调高雅、韵味独特的味道。

(8) 树木采用轮廓效果照明方法使它突出。为增加园林纵深的感觉，用灯光照亮周边树木的顶部，可获得虚无飘渺的感觉，同时再分层次照明不同亮度的树木和灌木丛，造成纵深感。

(9) 雕塑和小品照明依靠光和影以及亮度的差别，将它的形和体显示出来，各式灯具的布置应防止眩光。

十、用地平衡表

名　称		用地面积（m²）	占总用地（%）
总用地		642321	100
陆　地		544828	84.82
其中	园路、铺装、停车场	129123	20.20
	建筑用地	1815	0.28
	荫　棚	3600	0.56
	绿　地	409690	63.78
水　体		97493	15.18
地下停车场		30160	

十一、投资估算表

序　号	名　称	估价（万元）
1	园路、铺装场地、停车场	3373
2	建筑	746
3	构筑物、室外家具	1180
4	荫棚	360
5	绿地	5252
6	地形、水体	615
7	高架桥、桥、木栈道	420
8	娱乐设施	2100
9	地下停车场	1809
10	给水、排水	318
11	喷泉、喷灌	788
12	电力、电信	315
13	景观照明	674
14	背景音乐	58
合　计		18008

总平面图

区位分析图

现状分析图

丝路花雨洒雷州——湛江南国热带花园创作特色

鸟瞰图

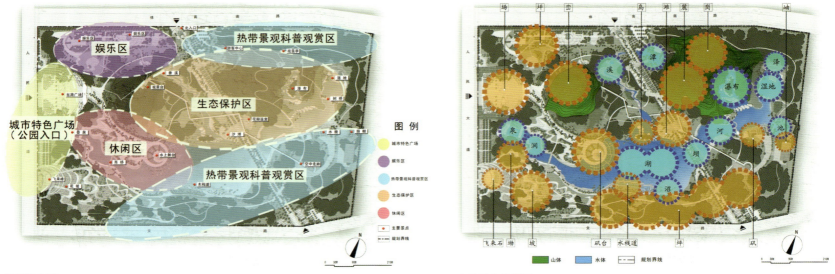

景观结构图

山水结构分析图

北大门

飞来花雨石入口

丝路花雨洒雷州——湛江南国热带花园创作特色

主入口

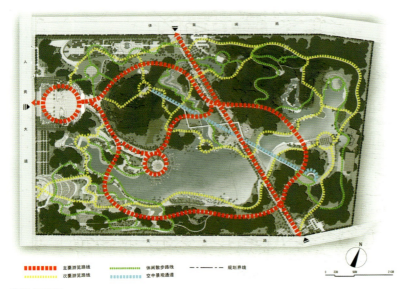

交通组织图

生态景观构成

人字瀑

岗坡观景台

叠泉鹿鸣

丝路花雨洒雷州——湛江南国热带花园创作特色

溪流

水上歌舞台

游客中心

白沙鳌渚

岩石坡

彩云场

丝路花雨洒雷州——湛江南国热带花园创作特色

树桥

鸟语林

水生植物景观

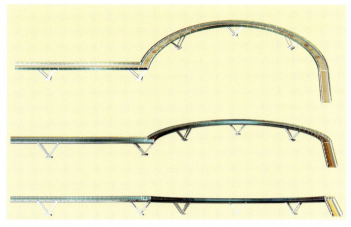
空中景观栈桥（一）

空中景观栈桥（二）

娱乐区（一）

铺装选材

娱乐区（二）

照明灯具

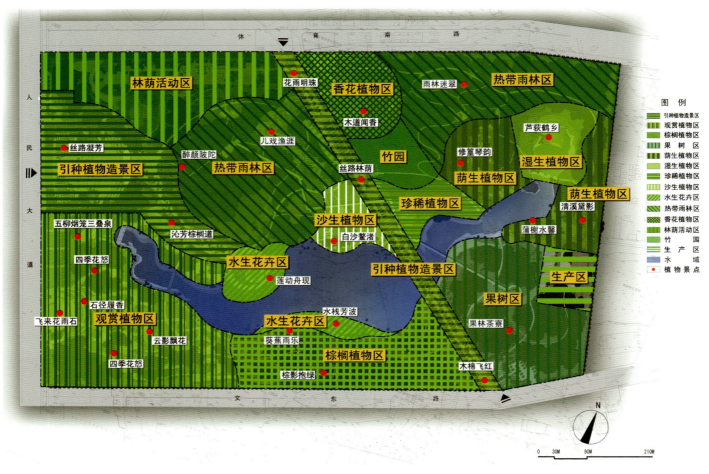

绿化规划

观赏植物

水生花卉

引种造景植物

果树植物

沙生植物

香花植物

竹园

丝路花雨洒雷州——湛江南国热带花园创作特色

棕榈植物

荫生植物

湿生植物

雨生植物

林荫活动区植物

珍稀植物

景观展示

精典居住小区景观设计

一、综述

我国住宅环境发展有学者将其分为四个阶段：
经济节约型→适用经济型→景观舒适型→环境至上型。

幽美的居住环境亦成为购房者的首选。

二、住宅区环境景观设计理念

1. 对环境尊重，遵循因地制宜原则

在原有地形地貌的基础上，最大程度利用环境资源，与自然景观协调。

美国专家：不局限于界定的环境，应在更广阔的环境中来看待。

大环境包括：自然和文化。

巧妙地赋予人工环境以结构和形式。

国际级大师佐佐木："有必要用基本自然条件的生态方法来进行场地或区域规划。这样方法能决定文化形式怎样才能最好地适应自然条件以便从这种研究发现生态薄弱环节，以激发我们创造出比现在所见到的更为适当的设计形式。"

2. 以人为本的意识

设计要强调人性化意识，应考虑使用与观赏的心理需要相吻合，"景为人用"景观环境具有观赏性与实用性双重性,园林景观中应融入休闲、运动、交流等人性化的空间与设施,营造有利于发展人际关系的公共空间，使人轻松自如地融入"家园"群体，享受新鲜空气、清洁水体，与动植物相依存和谐的人际关系，成为居住理想中的乐园。

3. 鲜明个性（特色）

景观设计最可怕的"克隆"成功范例，因为环境、地形、人都不同了，就深圳而言开始为欧陆风格，然后又出现地中海、澳洲、岭南、新古典主义、现代主义风格，取得成功为创新者，故"创新是一个民族的灵魂"，否则就缺乏灵魂与内涵。

作为房地产商需要竞争力度、卖点。

4. 自然与生态意识

"人与天调,天人共荣",环境景观设计的主体以返璞归真、源于自然、高于自然的绿色空间为蓝本，即"人化自然"，亦是山水、树木花草不同的设计构思，创作出千变万化的画图，这些是永恒的。关键在于令人感到放松和温馨的归宿感。园林绿化除景观外，应具备美化环境、减少噪声、吸收灰尘、净化空气、调节温度等生态功能，形成鸟语花香的环境。

三、景观实例展示

广东省：
  香港中旅·国际公馆景观
  深圳齐明别墅景观
  大亚湾美国熊猫集团·碧富新城景观
  广州环市西苑景观
  惠州市丽日百合家园景观
  深圳书香门第景观
  广州碧海湾豪宅景观

其他省市：
  长沙市锦湘·国际星城景观
  西安市旭景名园景观

香港中旅·国际公馆景观设计总平面图

香港中旅·国际公馆景观设计

主入口区鸟瞰图

精典居住小区景观设计

精典居住小区景观设计

日月同辉

齐明别墅环境艺术

瀑布与鱼群

瀑布与鱼群夜景

一帆风顺

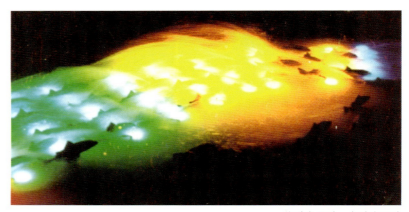

水动鱼不动＝鱼动水不动

年年有余

深圳齐明别墅景观

大亚湾美国熊猫集团·碧富新城景观

鸟瞰图

总平面图

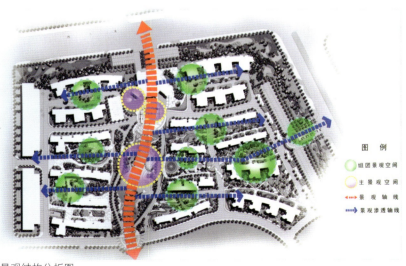

景观结构分析图

广州环市西苑景观

广州环市西苑景观效果

惠州丽日百合家园景观

总平面图

主入口

次入口

会所

林荫景观

山水

植物组景

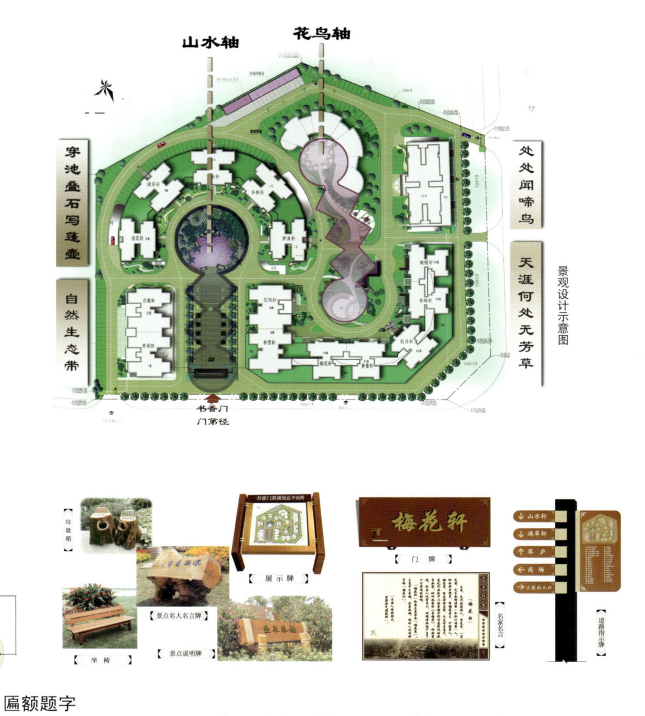

主题标志

望子成龙
状元及第
金榜题名
书香门第

匾额题字

书香门第　环境设计

山水轩
宋代大文学家欧阳修，号六一居士，其千古名句："醉翁之意不在酒，在乎山水之间。"

谷林轩
苏轼，北宋大文学家，因筑室于山之东坡，故号东坡。"横看成岭侧成峰，远近高低各不同。不识庐山真面目，只缘身在此山中。"

石刻郑板桥题兰花诗："咬定青山不放松，立根原来乱崖中；千磨万击还坚劲，任尔东南西北风。"

板桥兰香

滴翠轩
北宋黄庭坚，被誉为诗书双绝，自号山谷，故住宅环境幽深，青翠浴淌，故得滴翠斋名。
"脱胎换骨""点铁成金"——引用古人诗句以作陶冶之用

浣花轩
唐代著名诗人杜甫，曾在成都西郊浣花溪畔建草堂一座，故名。
"会当凌绝顶，一览众山小。"

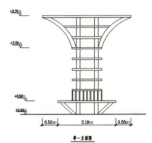

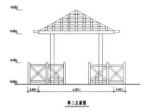

木亭名"报春亭"，对联为"对酒当歌，人生几何"。

石刻："一石则太华千寻""一句则江湖万里"

片石停云

中国园林立意·创作·表现

珠江新城碧海湾景观设计

碧海湾鸟瞰图

长沙市锦湘·国际星城景观

总图(一)

总图(二)

锦湘·国际星城景观规划方案 —法国风情

A 地块

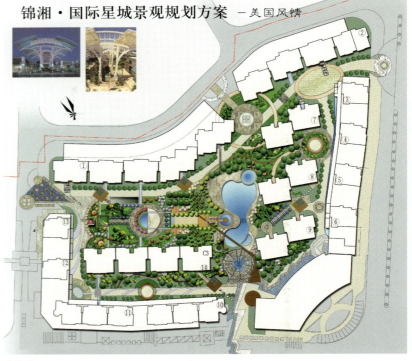

锦湘·国际星城景观规划方案 —美国风情

F 地块

组景(一)

组景(二)

组景(三)

组景(四)

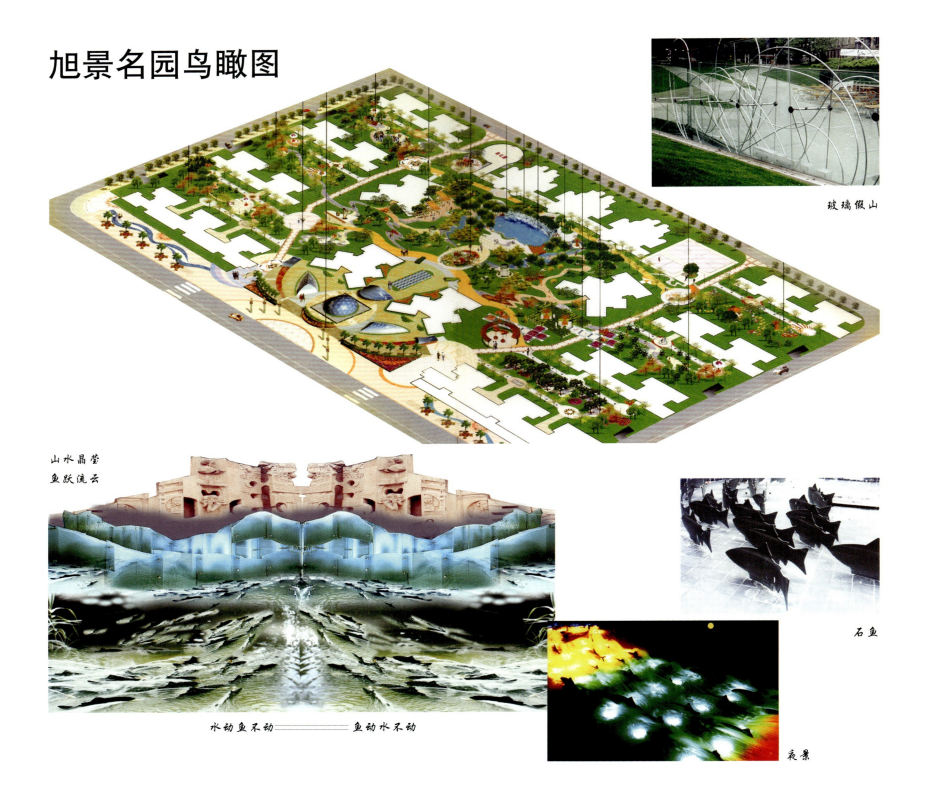

翠茵鸽舞

山花烂漫

迷宫

表现图例

表现图例

表现图例

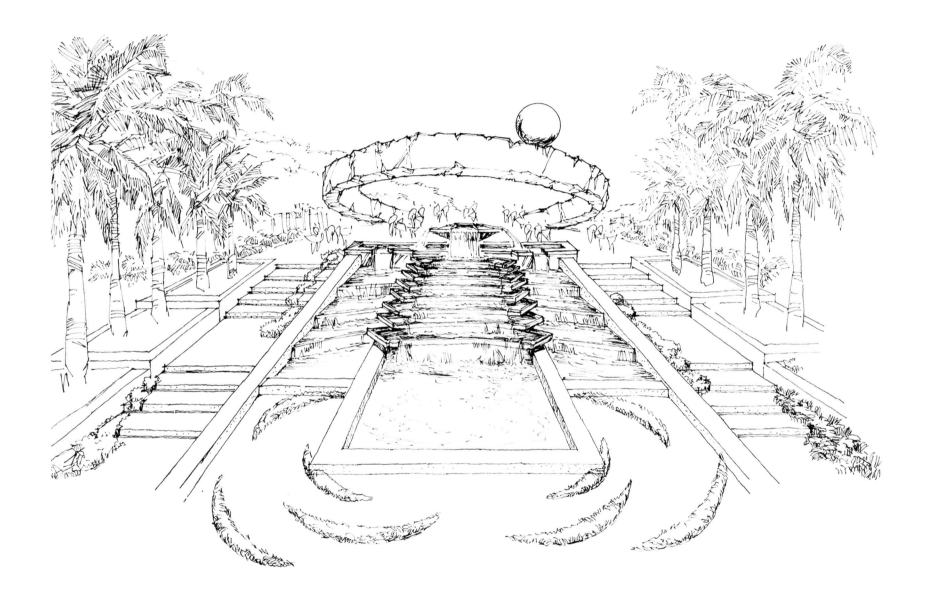

表现图例

表现图例

表现图例

表现图例

后　记

笔者于1992年著《夺天工》——中国园林理论、艺术、营造文集，2002年著《吴肇钊景园建筑画集》均获学者及同仁的厚爱，并恳切希望能再用图文并茂的形式，阐述园林立意、创作的实例专著，指导当前国内园林实践；中国建筑工业出版社郑淮兵编辑从年初就开始频频敦促，恰今年为笔者六十寿辰，此书以为二者兼顾矣！

此书内容多为笔者未发表的园林创作、理论与实践成果，其中有部分为公司规划设计成果，为此，对直接参与规划设计的同仁胡靖章、高薇深表谢意；对共同战斗的学子吴迪、陈艳等亦示贺意。

在此，我愿与同仁与学子们高举金杯，预祝再创新篇，干杯、干杯……

2004年11月8日